THE LAST THREE MINUTES
마지막 3분

SCIENCE MASTERS

THE LAST THREE MINUTES

Conjectures about the Ultimate Fate of the Universe

by Paul Davies

First published in Great Britain by Orion Publishing Group Ltd.

The 'Science Masters' name and marks are owned and licensed by Brockman, Inc.

Korean translation edition is published by arrangement with Brockman, Inc.

THE LAST THREE MINUTES

마지막 3분

폴 데이비스가 들려주는
우주의 탄생과 종말

폴 데이비스
박배식 옮김

그리고 어느 날엔가,

거대한 우주의 막강한 수비대가 적대적인 세력에 포위되어,

굴복하고, 파멸에 직면하여 폐허가 될 것이다.

— 루크레티우스(Lucretius), 『사물의 본성에 관하여(*De Rerum Natura*)』

과학에 대한 목마름

20세기 말이 가까워 오면서 국제 질서는 빠른 속도로 재편되고 있다. 1960년대에 접어들면서부터 빠른 속도로 성장을 거듭해 온 우리나라 경제는, 이 시대를 살아가는 우리 민족에게 '세계 속의 한국'이란 새로운 좌표를 설정하고 세계의 발전 흐름을 선도할 것을 요구하고 있다.

러시아의 민주화로 냉전 체제가 종식된 이후, 각국은 경제적 풍요를 최우선 과제로 내세워 고도의 산업 경제 전쟁을 전개해 가고 있다. 이에 따라 각국의 과학 기술 경쟁 또한 날로 치열해져 가고 있으며, 기초과학 연구와 응용과학 기술의 개발은 한 나라의 장래를 가늠하는 국력으로까지 상징되고 있다.

고도의 과학 기술 사회를 지향할 수 있는 잠재력은 일반 국민들이 갖는 과학 기술에 대한 이해 증진을 통해 지속적인 관심도에 크게 달려 있다. 과학 기술을 소개하는 책들은 속성상 정확히 정의된 전문적 · 수학적 용어로 서술되어 있어 일반인들이 접근하기에는 상당한 어려움이 있다. 따라서 현대인들은 첨단 과학 기술 시대를 살아가고 있으면서도 대다수가 첨단 과학 기술의 이방인으로 살아가고 있다. 아니, 방관자적 위치에 서 있다고 하는 것이 더 옳은 표현일 것이다.

그러나 탁월한 서술 능력을 지닌 몇몇 과학자들은 전문적인 용어를 사용하지 않고서도 그들이 이해하고 있는 고도의 과학적 사실을 비전문가들인 일반인들이 쉽게 이해할 수 있도록 적절히 기술하고 있다.

이 책 『마지막 3분(*The Last Three Minutes*)』의 저자인 폴 데이비스(Paul Davies) 역시 그런 뛰어난 과학 저술가 중 한 사람이다. 폴 데이비스는 이 책에서 사람들이 품을 수 있는 가장 원초적인 과학적 호기심인 우주의 기원과 구조, 그리고 우주의 종말에 관한 과학적 사색을 쉬운 용어와 명료한 문체로 피력하고 있다.

저자는 독자들이 스티븐 와인버그(Steven Weinberg)의 『최초의

3분(*The First Three Minutes*)』과 스티븐 호킹(Stephen Hawking)의 『시간의 역사(*A Brief History of Time*)』에서 우주의 탄생에 관한 과학적 이해에 어느 정도 접근했으리라 생각하고, 오늘의 과학자들이 이해하는 사실에 입각해 예견되는 몇 가지 우주 종말 시나리오의 가능성을 알아보았다. 그에 따른 인간, 아니 시간의 경과에 따라 어떤 모습으로 진화할지 모르는 지능을 가진 인간의 후손들이 어떻게 대처할까를 짚어 보고 있다.

옮긴이는 이 책이 쉽고 평이하게 서술되어 있어 많은 독자들의 과학적 이해 증진에 도움이 될 수 있을 것으로 생각되어 선뜻 번역을 하게 되었다. 그러나 옮긴이의 번역이 미숙하여 저자의 생각을 독자들에게 제대로 전달하지 못할까 걱정이 앞선다. 혹시라도 그런 일이 없었으면 좋겠지만, 옮긴이의 역부족으로 인해 한 사람의 독자라도 과학으로부터 멀어지는 사태가 일어나지 않기만을 바란다.

끝으로 한국 독자들을 위해 세계적으로 유명한 과학서 시리즈인 이 「사이언스 마스터스」의 한국어판 출판을 과감하게 추진한 (주)사이언스북스에 깊이 감사한다.

만유를 주관하시는 신의 섭리에 따라 인간의 구원 계획은 이루어지리라 믿지만, 자연현상에 대한 과학적 목마름은 주체할 수 가 없다. 신이 주관하는 많은 일들을, 부족한 인간들은 단지 이해하고 깨달으려고 노력할 뿐이다.

박배식

존재하는 것은 사라진다

나의 학창 시절인 1960년대 초반에는 우주의 기원에 관한 흥미가 크게 고조되었다. 1920년대에 발표되어 1950년대에 와서야 진지하게 고려된 대폭발(big bang) 이론은 널리 알려졌지만, 결코 확고하게 받아들여지지는 않았다. 우주의 기원 문제와는 전혀 관련이 없는 경쟁 이론인 정상 상태(steady-state) 이론이 이때까지 근 사반세기에 걸쳐 가장 널리 알려진 시나리오였다.

1965년, 아노 펜지아스(Arno Penzias)와 로버트 윌슨(Robert Wilson)에 의해 우주 배경 복사(cosmic background radiation)가 발견되어 사람들의 관심사가 바뀌게 되었다. 이 발견은 우주의 기원에 관한 논의에 뜨겁고도 격렬한 변화를 가져온 확실하고 명백한 증거가 되었다.

우주론을 연구하는 과학자들은 새로운 발견의 의미를 밝히고자 열광적으로 연구했다. 대폭발이 일어난 지 100만 년이 지난 후 우주는 얼마나 뜨거웠을까? 1년 뒤에는, 아니 1초 뒤에는 얼마나 뜨거웠을까? 원시 우주에서는 어떤 물리적 과정이 일어나고 있었을까? 그 당시의 상황을 지배했을 극단적인 조건들의 흔적을 간직한 창조의 초기 유물이 남아 있을까?

나는 1968년에 우주론 강의를 듣던 기억이 생생하다. 교수님은 우주 배경 복사의 발견 취지와 관련한 대폭발 이론을 검토하면서 강의를 매듭지었다. "몇몇 이론학자들은 대폭발이 일어난 후 최초의 3분 동안에 일어난 핵반응 과정에 기초해 우주의 화합물을 설명했다."

듣고 있던 사람들은 의아해하면서 크게 웃었다. 우주가 태어난 직후의 순간을 설명한다는 사실이 무모한 용기로 느껴졌던 것이다. 17세기에 성경의 연대기를 세세하게 연구한 대주교 제임스 어셔(James Ussher)조차도 우주는 기원전 4004년 10월 23일에 창조되었다고 발표했지만, 최초의 3분 동안 일어난 사건들을 순서대로 정확히 정리하려는 무모한 시도는 하지 않았다.

우주 배경 복사가 발견된 이후 근 10년에 걸친 일련의 과학적 진보로 말미암아 대부분의 학생들은 최초의 3분간에 호의적인 관심을 갖게 되었으며, 이것을 주제로 한 교과서들이 집필되었다.

1977년 미국의 물리학자이자 우주론 학자인 스티븐 와인버그가 저술한 『최초의 3분』이 베스트셀러가 되었는데, 이 책은 대중 과학 출판의 이정표가 되었다. 세계 최고 전문가 중 한 사람이 대폭발 이후 한순간에 일어난 과정을 대중이 이해할 수 있도록 쉽고도 자세하게 설명한 것이다.

흥분을 불러일으키는 이러한 발전을 일반 대중이 따라잡고 있는 동안 과학자들은 계속 전진했다. 초기의 우주(대폭발이 있은 후 몇 분 동안의 우주)에서 벌어진 과학적 사실에 대한 관심은 최초의 우주(대폭발의 시작으로부터 1초보다도 극히 더 짧은 시간 동안의 우주)에 대한 관심 쪽으로 옮겨 가기 시작했다.

10년쯤 지난 후, 또 한 번 영국의 수리물리학자인 스티븐 호킹이 『시간의 역사』라는 책을 통해 1조분의 1의 1조분의 1초(10^{-24}초) 동안에 전개된 현상들을 최신의 우주론적 아이디어들을 바탕으로 자신 있게 설명했다. 지금 와서 생각해 보면, 1968년 강의가 끝났을 때 터져 나온 웃음은 황당하기 짝이 없다.

이제 일반 대중과 과학자들은 우주의 기원을 잘 정립된 대폭발 이론으로 설명할 수 있게 되었고, '우주의 미래'에 대해 생각하기 시작했다. 우리는 우주가 어떻게 시작되었는지를 잘 알고 있다. 하지만 우주는 어떻게 끝날까? 우주의 궁극적 운명에 대해 무엇을 말할 수 있을까? 우주는 다시 폭발로 종말을 고하고 정말 끝장이 나 버릴까? 그러면 우리는 어떻게 될까? 로봇, 또는 살과 피를 지닌 인류, 아니 우리의 후손들은 영원히 살아남을 수 있을까?

세계의 종말인 아마겟돈이 임박하지 않았다 하더라도, 그러한 문제에 호기심을 갖지 않을 수 없다. 오늘날 우리 행성 지구는 인류가 자초한 위기에 직면해 생존을 위한 투쟁을 벌이고 있다. 우리는 이 위기를 우주론적 차원에서 보아야 하는 완전히 새로운 상황에 처해 있다. 이 책 『마지막 3분』은 몇몇 저명한 물리학자들이나 우주론 연구자들의 최신 아이디어에 기초해, 우리가 우주의 미래에 관해 예측할 수 있는 한 최고의 이야기를 풀어 놓기 위해 쓴 책이다.

이것은 단순한 종말론적 이야기가 아니다. 사실 미래는 풍부한 경험이라든가 전례가 없는 개발 가능성에 대한 약속이다. 그러나 우리는 존재하는 것은 사라진다는 사실도 알고 있다.

이 책은 일반 독자들을 염두에 두고 집필되었으므로 과학이나 수학에 대한 사전 지식이 필요하지 않다. 그러나 때때로 매우 작은 수나 아주 큰 수를 다룰 필요가 있을 때, 이 수들을 10의 지수로 간결하게 표기했다. 예를 들어, 1000억을 100,000,000,000로 나타내면 다소 성가시다. 이것은 1 다음에 0이 11개 있으므로 '10의 11제곱', 즉 10^{11}으로 나타낼 수 있다. 같은 방식으로 100만은 10^{6}, 1조는 10^{12}이다. 하지만 이와 같은 표기는 숫자들의 크기를 실감할 수 없게 만드는 경향이 있다. 10^{12}은 10^{10}의 100배로 훨씬 큰 수이지만, 일면 거의 같은 수처럼 보일 수도 있다. 한편 10의 지수에 음수를 사용하면 매우 작은 수를 나타낼 수 있다. 10억분의 1, 또는 1/1,000,000,000은 10^{-9}으로 나타낼 수 있다.

마지막으로 독자들에게 당부하고 싶은 말이 있다. 이 책은 필연적으로 고도의 추론적인 내용을 담고 있다. 제시된 대다수의 아이디어들은 오늘날 우리가 이해하고 있는 최고의 과학적 사실에 기초하고 있지만, 미래학은 다른 분야의 과학적 노력에서와 똑같은 결과를 기대할 수만은 없다. 그럼에도 불구하고 우주의 궁극적인 운명에 대한 사색을 해 보라는 유혹을 거부할 수는 없다. 이것이 내가 이 책을 저술하게 된 사심 없는 탐구 정신이다.

대폭발로 탄생한 다음, 팽창하고 냉각되다가 물리적 퇴화를 맞게 되거나, 아니면 대붕괴로 사라진다는 우주의 기초적인 시나리오는 과학적으로 꽤 잘 정립되었다. 하지만 길고 긴 시간에 걸쳐 일어날 수 있는 대표적인 물리적 과정들은 거의 제대로 밝혀지지 않았다. 천문학자들은 이제 어느 정도 별들의 일반적인 운명을 명백히 이해하고 있으며, 중성자별들이나 블랙홀들의 기초적인 성질들을 제대로 이해하고 있다고 확신한다. 그러나 우리 우주가 수조 년, 또는 그 이상 지속되면 현재의 미묘한 물리적 차이가 어떤 결과를 낳을지 전혀 모르고 있다. 다만 궁극적으로 대단히 중요하게 되리라고 추측할 수 있을 뿐이다.

자연현상을 완전하게 이해할 수 없다는 것을 깨달을 때마다 우리가 해 왔듯이, 우리는 우주의 궁극적 운명에 대해 우리가 알고 있는 이론을 바탕으로 논리적 결론을 이끌어내야 한다. 문제는 우주의 운명을 논의하는 데 있어 중요한 역할을 하는 몇 가지 개념 혹은 물리적 과정들—중력파 방출, 양성자 붕괴, 블랙홀 복사—이 이론가들의 열광적인 지지를 받고는 있지만 아직 관측되지 않았다는 것이다. 진지하게 말해서, 여기서 제시된 아이디어들은 우리가 알지 못하는 다른 물리적 과정들의 발견을 통해 드라마틱하게 뒤집어질 것은 의심의 여지가 없다.

이 같은 불확실성들은 지능을 가진 생물이 있어 우주에 살고 있어 우주의 운동에 영향을 줄 가능성을 고려할 때 더욱 커진다. 여기서 우리는 공상 과학의 영역으로 들어서게 된다. 그렇다고 하더라도 우리는, 영원 무궁한 시간에 걸쳐서 생물이 물리적 시스템의 운동을 거대 규모로 현저하게 수정할지도 모른다는 점을 간과할 수는 없다.

나는 많은 독자들이 갖는 우주의 운명에 대한 환상이 인류, 또는 먼 후손의 운명에 대한 관심사와 강하게 결부되어 있기 때문에 우주의 생명체라는 주제를 포함시켰다. 우리는 과학자들이 인간 의식의 본성을 진실되게 이해하지 못하고 있으며, 우주의 먼 미래까지 지속될 의식적 활동을 허용할 수 있는 물리적 요구 조건들이 무엇인지도 모른다는 점을 상기해야겠다.

끝으로 존 배로(John Barrow), 프랭크 티플러(Frank Tipler), 제이슨 톰리(Jason Twamley), 로저 펜로스(Roger Penrose), 그리고 덩컨 스틸(Duncan Steel)에게 이 책의 주제와 관련해 유익한 논의를 함께 나눈 데 대해 감사한다.

아울러 초고를 진지하게 검토해 준 이 사이언스 시리즈의 편집자인 제리 리온스(Jerry Lyons), 탈고를 매끄럽게 탁월하게 마무리해 준 새라 리핀콧(Sara Lippincott)에게도 감사한다.

폴 데이비스

THE LAST THREE MINUTES

마지막 3분

차례

THE LAST THREE MINUTES
마지막 3분

1
세상의 마지막 날

2126년 8월 21일, 지구 최후의 날 절망한 사람들이 이리저리 피신할 곳을 찾아 날뛴다. 그러나 수십억의 인구가 숨을 장소는 없다. 어떤 사람들은 자포자기해 동굴이나 폐광을 찾아 지하로 숨어들고, 또 어떤 사람들은 잠수함을 타고 바닷속으로 숨어든다. 어떤 사람들은 미쳐 날뛰며 무자비하게 타인을 살해한다. 대다수 사람들은 망연자실 주저앉아 음울하게 종말을 기다린다.

하늘 높이 거대한 빛줄기 하나가 선명히 나타난다. 그것은 부드럽게 빛을 발하는 한 자루 연필 같은 성운(星雲)으로 시작되어, 나날이 부풀어올라 진공의 허공에 끓어오르는 거대한 가스 소용돌이를 형성한다. 가스 소용돌이의 머리에는 어두컴컴하고 일그러진, 공포심을 자아내는 덩어리가 응어리져 있다.

혜성의 자그마한 머리 부분에는 가공할 만한 파괴력이 도사리고 있다. 혜성은 행성 지구를 향해 엄청난 속도인 시속 56,000킬로미터, 즉 초속 16킬로미터로 접근한다. 1조 톤의 얼음과 바위가 음속의 47배나 되는 속도로 지구와 충돌할 운명이다.

인간은 단지 상황을 주시하며 기다리는 수밖에 없다. 피할 수 없는 상황에 직면해, 망원경으로 관찰하기를 포기한 지 이미 오래인 과학자들은 조용히 컴퓨터를 꺼 버린다. 닥쳐 올 재난의 규모를 수없이 반복해서 계산해 봐도 여전히 너무나 불확실하며, 그들이 얻은 결론은 말할 수 없을 만큼 놀라워 어떻게도 대중을 안심시킬 수가 없다.

어떤 과학자들은 동료 시민들보다 유리한 처지를 확보하기 위해 그들의 기술적 지식을 이용해 끊임없이 생존 전략을 준비한다. 또 다른 사람들은 최후의 순간까지 진실한 과학자로서의 역할을 견지하며 가능한 한 조심스럽게 격변을 관찰할 계획을 추진한다. 후손들을 위해 지구 깊숙한 곳에 묻어 둔 타임캡슐에 자료를 보내면서 …….

충돌의 순간이 숨가쁘게 다가온다. 전 세계 수백만의 사람들은 신경을 곤두세우고 시계를 응시한다. 마지막 3분을.

지구 표면 바로 위의 하늘이 갈라져 열리고, 수천 세제곱킬로미터의 거대한 공기 덩어리가 한바탕 휘몰아쳐 지나간다. 도시의 둘레보다도 더 넓은 불기둥이 지상으로 내려와 15초 뒤에 지구를 덮친다. 무수한 지진이 동시에 발생할 정도로 큰 충격으로 행성 지구 전체가 진동한다. 밀려난 공기의 충격파가 지구의 표면을 스쳐 지나갈 때 마주치는 모든 구조물을 휩쓸어 산산조각으로 만들어 버린다.

충격을 받은 지역의 평지는 지름 수백 킬로미터의 사발 모양 분화구로 변하고, 해발 수 킬로미터나 되는 높은 산들이 분화구를 둘러싸며 솟아오른다. 녹아 내린 암벽이 일렁거리고, 광활한 평원은 바람에 날리는 찢어진 담요처럼 너울거린다.

분화구 안쪽에서는 수조 톤의 암석이 증발된다. 훨씬 많은 양이 위쪽으로 튀어오르고, 일부는 분화구 밖의 허공으로 튀어나간다. 더 많은 것이 수백 킬로미터, 혹은 수천 킬로미터 떨어진 대륙 저쪽으로 튀어 날아가 지상의 모든 것을 대량 파괴한다.

분해된 물질들은 날아가 바다에 떨어지는데, 혼란을 더욱 악화시키는 듯 거대한 해일을 일으킨다. 또한 엄청난 먼지 기둥이 대기로 솟아올라, 전 지구를 덮고 태양 광선을 가린다.

이제는 우주 공간으로 튀어나간 물질들이 대기권으로 다시 날아드는데, 뜨거운 열로 지상의 모든 것을 태워 버리는 수억 개의 운석에서 나오는 불길한 섬광이 햇빛을 압도한다.

앞의 시나리오는 2126년 8월 21일 스위프트터틀(Swift-Tuttle) 혜성이 지구에 충돌할 경우에 예상되는 결과에 기초한 것이다. 그러한 일이 실제로 일어난다면, 의심의 여지 없이 인류 문명은 파괴되고 지구는 황폐화될 것이다.

이 혜성이 1993년에 우리를 방문했을 때, 초기의 계산 결과는 이 혜성이 2126년에 지구와 충돌할 가능성을 확실히 보여 주었다. 다행히 그 후 수정된 계산 결과는 이 혜성이 2주 차이로 지구를 살짝 비켜 가리라는 것이어서 우리는 안심할 수 있게 되었다.

그러나 위험이 완전히 사라진 것은 아니다. 머지않아 스위프트터틀 또는 그와 비슷한 물체가 지구와 충돌할 가능성이 높기 때문이다. 지름 500미터, 또는 그것보다 큰 1만여 개의 물체가 지구의 궤도와 교차해 움직이고 있다. 이 천체 침입자들은 태양계 외곽 혹한(酷寒)의 우주 공간에서 날아온 것들이다.

어떤 것들은 행성의 중력장에 포획된 혜성의 잔해이고, 다른 것들은 화성과 목성의 궤도 사이에 산재하는 소행성대에서 날아온 것들이다. 불안정한 소행성 궤도 위를 떠돌던, 작지만 치명적인 물체들은 끊임없이 내행성계를 들락거리며, 지구와 다른 행성들에게 끊임없이 위험을 제공한다.

이 물체들 중 많은 것들은 지구상의 모든 핵무기를 합친 것보다도 더 큰 재앙을 가져올 수 있다. 어느 하나가 충돌하는 것은 단지 시간문제이다. 충돌이 일어나면, 사람들에게는 최악의 소식이 될 것이다. 그것은 갑작스럽고 전례 없는 인류 역사의 단절이 될 것이다. 그러나 소행성 혹은 혜성과의 충돌은 지구의 운명이다.

이 정도 크기의 혜성이나 소행성의 충돌은 평균적으로 보아 수백만 년에 한 번 일어날까 말까 하는데, 한 번 또는 그 이상의 충돌이 6500만 년 전 공룡의 멸종을 초래했다고 널리 믿어지고 있다. 다음번 충돌은 인류의 종말을 가져올 것이다.

아마겟돈에 대한 믿음은 대다수의 종교나 문화에서 같은 뿌리를 갖고 있다. 성경의 「요한 묵시록」은 우리를 위해 예비된 죽음과 파괴에 대한 생생한 설명을 제공한다.

또 번개가 치고 큰 소리가 나며 천둥이 울리고 큰 지진이 일어났습니다. 이런 큰 지진은 사람이 땅 위에 생겨난 이래 일찍이 없었던 것입니다. …… 모든 나라의 도시들도 무너졌습니다. …… 모든 섬들은 도망을 가고 산들은 자취를 감추어 버렸습니다. 그리고 무게가 오십 근이나 되는 엄청난 우박이 하늘로부터 사람들에게 떨어졌습니다. 사람들은 그 우박의 재난이 너무나 심해서 하느님을 저주하였습니다.(「요한 묵시록」 16장 18~21절)

격렬한 힘이 널리 퍼져 있는 우주에서 보잘것없는 물체인 지구에 일어날 수 있는 끔찍한 일들은 정말 많지만, 그래도 우리의 행성은 적어도 35억 년 동안은 생명의 쾌적한 서식지로 존재해 왔다. 행성 지구의 성공 비결은 공간이다. 광활한 공간. 우리 태양계는 드넓은 대양에 떠 있는 하나의 조그만 섬이다. 태양에서 가장 가까운 별은 4광년이나 떨어져 있다. 4광년이 얼마나 먼지 감을 잡기 위해 다음을 생각해 보자. 빛이 태양으로부터 지구까지 1억 5000만 킬로미터를 날아오는 데 8분 30초가 걸린다. 빛은 4년 동안 37조 킬로미터 이상을 달린다.

태양은 우리 은하계에 존재하는 수많은 왜성(난쟁이 별) 중 하나일 뿐이다. 뭐, 전형적이라면 전형적이라고 말할 수 있는 평범한 별이다. 은하는 태양 질량의 몇 퍼센트밖에 안 되는 것에서부터 수백 배에 이르는 것까지 다양한 크기의 별 약 1000억 개로 이루어져 있다. 이 천체들은 많은 가스 구름과 먼지, 또한 불확실한 수의 혜성, 소행성, 행성, 그리고 블랙홀들과 함께 천천히 우리 은하의 중심 주위를 선회하는 궤도 운동을 한다.

우리 은하의 보이는 부분이 10만 광년에 걸쳐 퍼져 있음을 알기 전까지는, 우리 은하가 거느리고 있는 별들의 엄청난 수는 우리 은하가 매우 복잡한 계(界)라는 인상을 주었다. 우리 은하는 중심부가 부풀어 오른 쟁반처럼 생겼다. 그리고 별들과 가스로 구성된 몇 개의 나선형 팔들이 주위에 나와 있다. 우리의 태양은 그러한 나선형 팔 중의 하나에 위치해 있으며, 우리 은하 중심부로부터 3만 광년 정도 떨어져 있다.

우리가 알고 있는 한, 우리 은하는 그리 특별한 존재가 아니다. 우리 은하와 비슷한 안드로메다 은하는 같은 이름의 별자리 방향으로 200만 광년 떨어진 곳에 있다. 안드로메다 은하는 맨눈으로 보면 희미한 빛의 조각처럼 보인다. 우리가 관찰할 수 있는 우주 안에는 나선, 타원, 불규칙 은하 등 수십억 개의 은하가 존재한다. 우주의 규모는 거대하다. 강력한 망원경으로 볼 때 개별 은하는 수십억 광년이나 떨어져 있다. 어떤 경우는 은하의 빛이 우리에게 도달하는 데 걸리는 시간이 지구의 나이(45억 년)보다도 더 긴 경우도 있다.

이 넓은 공간은 우주에서 추돌 사고가 매우 드물다는 점을 설명한다. 지구의 가장 큰 위협은 대개는 지구 가까이에 있는 것들로부터 온다. 소행성들도 원래 지구 근처에 있는 게 아니다. 그것들은 주로 화성과 목성 궤도 사이에 있는 소행성대에 한정되어 있다. 그러나 거대한 목성의 질량이 소행성 궤도를 교란시켜, 태양 쪽으로 끌려 들어간 소행성으로 하여금 지구를 위협하게 할 수도 있다.

혜성들도 또 다른 위협이 된다. 이 기묘한 물체들은 태양으로부터 1광년 정도 떨어진 곳의 오르트 구름에서 생겨나는 것으로 믿어진다. 여기서 위협은 목성으로부터 오는 것이 아니라 지나가는 별로부터 온다. 은하는 정지해 있지 않다. 은하의 별들이 은하 중심핵을 중심으로 궤도를 그리듯이 은하도 천천히 회전한다. 태양과 태양계의 작은 행성들이 은하를 일주하는 데에는 약 2억 년이 걸리는데, 태양은 그동안 수많은 모험을 하게 된다.

이웃한 별들이 혜성의 구름을 건드리기도 하고, 혜성 몇 개를 태양 쪽으로 밀기도 한다. 혜성들이 태양계의 안쪽으로 날아들면, 태양 광선은 혜성의 휘발성 물질을 증발시키고, 태양풍은 그것을 불어 내어 혜성의 긴 꼬리를 만든다. 혜성이 내행성계에 머무는 것은 상당히 드문 일이다. 그렇지만 그때 지구와 충돌할 수 있다. 이처럼 혜성이 지구에 피해를 입힐 수도 있지만, 그 원인은 지나가던 별이다. 다행히도 별들 사이의 거리가 멀기 때문에, 충돌은 그렇게 많이 일어나지 않는다.

다른 물체들도 은하계 주위를 운행하는 중에 지구의 행로를 지나칠 수 있다. 서서히 표류해 지나가던 거대한 가스 구름이, 실험실의 진공보다 밀도가 더욱 희박하지만 태양풍에 급격한 변화를 일으켜 태양에서 지구로 흐르는 열에너지 흐름에 영향을 미칠 수도 있다. 더 불길한 다른 물체들이 암흑의 공간에 숨어 있을 수 있다. 유랑 행성들, 중성자별들, 갈색 왜성들, 블랙홀들. 이 모든 것 외에도 더 많은 것들이 보이지 않는 가운데 경고도 없이 불쑥 나타날 수 있으며, 태양계에 대파괴를 초래할 수 있다.

또는 위협이 더욱 교활할 수도 있다. 어떤 천문학자들은 태양이 은하계의 다른 많은 별들처럼 연성계(連星界, 이중성계)에 속할지도 모른다고 믿고 있다. 만약 연성계라면, 우리의 다른 짝별—복수의 여신 네메시스(Nemesis) 또는 죽음의 별(Death Star)이라는 이름으로 불린다.—은 너무 희미하거나 너무 멀리 떨어져 있어서 아직 발견되지 않았다.

그래도 그 별은 멀리 떨어진 혜성을 주기적으로 교란시키거나 지구로 돌진시켜 일련의 강력한 충격을 가함으로써 자신의 존재를 중력으로 느끼도록 만들 수 있을 것이다. 지질학자들은 전반적인 생태학적 파괴가 약 3000만 년을 주기로 일어난다는 사실을 밝혔다.

더 멀리 내다볼 때, 천문학자들은 전체 은하가 명백히 충돌함을 관찰했다. 은하계가 다른 은하와 충돌할 가능성은 얼마나 될까? 매우 빠른 움직이는 별들을 관측한 결과, 이미 은하계가 인접한 작은 은하와의 충돌하다는 것을 보여 주는 몇 가지 증거를 포착했다. 하지만 두 은하의 충돌이 은하를 구성하는 별들의 재앙으로 귀결되라는 법은 없다. 은하들은 밀도가 너무 희박해 개개의 별들의 충돌 없이 두 은하가 합쳐질 수도 있다.

대다수 사람들은 세상의 마지막 날, 세상이 갑작스럽게 파괴될 것이라는 예언에 매혹된다. 그러나 갑작스러운 죽음은 서서히 진행되는 붕괴보다 덜 위협적이다. 지구가 점차 황량해져 가는 데에는 다양한 시나리오가 있을 수 있다. 서서히 진행되는 생태학적 붕괴, 기후 변동, 태양 복사열의 사소한 변화, 이 모든 변화는 보잘것없는 행성에 사는 인류에게 생존의 위협은 아니더라도 안위를 위협하는 원인이 될 수 있다. 그런 변화는 수천 년, 아니 수백만 년에 걸쳐서 일어날 것이며, 인류는 첨단 기술로 이 재앙에 맞서 싸울 것이다. 예컨대 점진적으로 다가오는 새로운 빙하기 역시, 우리의 활동을 재정비할 수 있는 시간만 있다면 인류에게 전적인 재앙은 아닐 것이다.

다가오는 수천 년 동안 기술은 눈부신 발전을 계속할 것이다. 그렇게 되면 인류, 또는 우리의 후손들은 더 거대한 물리적 계를 조절할 수 있을 것이며, 궁극적으로는 천문학적 규모의 재앙도 바꾸어 놓을 수 있는 지위를 확보할 수 있으리라.

본질적으로 인류는 영원히 생존할 수 있을까? 가능할 수도 있다. 그러나 불멸성은 쉽게 달성될 수 있는 것이 아니며, 어쩌면 불가능으로 판명될지도 모른다. 우주 자체는 출생과 진화, 그리고 죽음으로 이어지는 물질 순환의 물리 법칙을 따라야 한다. 그리고 우리의 운명도 별들의 운명과 풀 수 없을 정도로 복잡하게 얽혀 있다.

2 죽어 가는 우주

독일 물리학자 헤르만 폰 헬름홀츠(Hermann von Helmholtz)는 1856년 과학의 역사상 아마도 가장 우울한 예측을 발표했다. 그는 우주가 죽어 간다고 주장했다. 이 종말론적인 발표의 기초는 열역학 제2법칙이었다. 열기관의 효율에 대한 기술적 설명으로 19세기 초에 정립된 열역학 제2법칙(간단히 '제2법칙'으로 불리기도 한다.)은 곧 보편적인(universal) 중요성, 말 그대로 우주적(cosmic)인 중요성을 갖는 것으로 인식되었다.

아주 간단하게 설명하면, 제2법칙은 열이 더운 곳에서 찬 곳으로 흐름을 뜻한다. 물론 이것은 잘 알려진 자명한 설명이다. 물리적인 세계에서 요리를 할 때나 뜨거운 커피가 식을 때마다 일상적으로 경험하는 일이다. 열은 온도가 높은 곳에서 흘러나와 낮은 곳으로 흘러든다.

이런 일에서 불가사의한 점은 전혀 없다. 열은 물질적으로 분자의 떨림 현상이다. 공기와 같은 기체에서 분자들은 무질서하게 떠돌아다니며 서로 충돌한다. 고체에서도 원자들은 격렬하게 진동하고 있다. 물체가 뜨거우면 뜨거울수록 분자들의 떨림 운동은 더욱 격렬해진다. 온도가 서로 다른 두 물체가 접촉을 하게 되면, 뜨거운 물체에서 격렬하게 운동하고 있는 분자들의 떨림이 차가운 물체 분자들의 운동으로 퍼져 간다.

열의 흐름은 일방적이므로, 열의 전달 과정은 시간에 대해 일방성을 갖는다. 찬 물체에서 뜨거운 물체로 자연스레 열이 흐르는 것을 보여 주는 영화가 있다면, 그것은 강물이 거꾸로 흘러 상류로 올라가거나 빗방울이 구름을 향해 치솟아 올라가는 것을 보여 주는 영화처럼 거짓이다. 따라서 우리는 열의 흐름에 대한 기본적인 방향성을 설정할 수 있으며, 이것을 종종 과거에서 미래로 향하는 화살표로 나타낸다. 열역학 과정의 되돌릴 수 없는 성질을 나타내는 이 '시간의 화살(arrow of time)'은 150여 년 동안 물리학자들을 사로잡아 왔다 그림 1

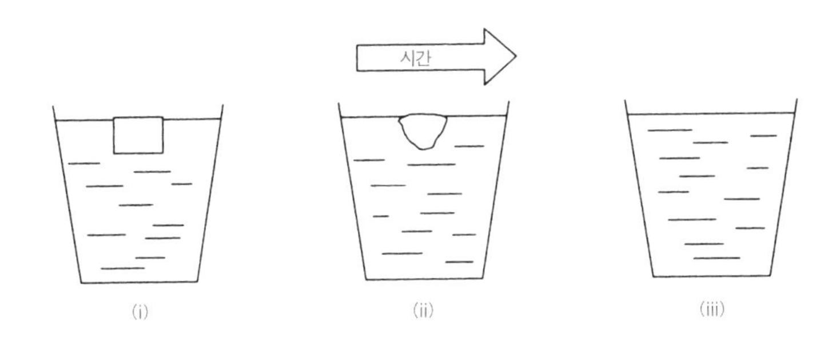

그림 1
시간의 화살. 얼음 조각이 녹는 것은 시간의 방향성을 정의한다. 열이 따뜻한 물에서 차가운 얼음으로 흐른다. (iii), (ii), (i)의 순서를 보이는 영화는 곧바로 속임수임이 드러날 것이다. 이 비대칭성이 얼음이 녹음에 따라 증가하는 엔트로피라는 양으로 특성지어진다.

헬름홀츠, 루돌프 클라우지우스(Rudolf Clausius), 켈빈 경(Lord Kelvin)의 연구는 열역학적으로 되돌릴 수 없는 변화를 특성 짓는 엔트로피라는 물리량의 중요성을 부각시켰다. 차가운 물체와 뜨거운 물체가 접촉하는 간단한 경우에 엔트로피는 열에너지를 절대 온도(절대 온도는 우리가 일상생활에서 사용하는 섭씨 온도(℃)의 값에 273.16을 더한 값)로 나눈 값으로 정의될 수 있다.

뜨거운 물체에서 차가운 물체로 흘러가는 작은 양의 열을 생각해 보자. 뜨거운 물체는 약간의 엔트로피를 잃고 차가운 물체는 얻는다. 온도가 다른 두 물체가 주고받는 에너지의 양은 같지만, 차가운 물체가 얻는 엔트로피는 뜨거운 물체가 잃는 엔트로피보다 더 크다. 따라서 전체 계—뜨거운 물체와 차가운 물체—의 총 엔트로피는 증가한다. 열역학 제2법칙은 전체 계의 엔트로피가 결코 감소하지 않음을 설명한다. 그렇기 때문에 일정량의 열이 뜨거운 곳에서 차가운 곳으로 자연스레 흘러간다.

보다 엄밀히 분석해 보면, 이 법칙은 모든 닫힌계로 일반화될 수 있다. 엔트로피는 결코 감소하지 않는다. 찬 곳에서 더운 곳으로 열을 운반하는 냉동기를 포함하는 계가 있다면, 전 체계의 총 엔트로피는 냉동기를 가동시키는 데 사용된 에너지를 고려해야만 한다. 운행에 사용된 에너지 소비 과정 자체가 엔트로피를 증가시킬 것이다. 냉동기의 가동으로 창출된 엔트로피의 양이 찬 곳에서 더운 곳으로 열을 운반하는 과정을 통해 감소하는 엔트로피의 양보다 언제나 더 크다.

생명 현상이나 결정의 형성처럼 자연계의 한 부분에서 엔트로피가 감소하기도 하지만, 계의 다른 부분에서 엔트로피가 증가하기 때문에 이 효과는 언제나 상쇄된다. 전체적으로 엔트로피는 결코 감소하지 않는다.

우주 전체를 '외계(outside)'가 존재하지 않는 하나의 닫힌계로 생각하면, 열역학 제2법칙은 중요한 예측을 낳는다. 우주의 총 엔트로피는 결코 줄어들지 않는다. 사실 엔트로피는 끊임없이 증가한다. 좋은 예가 태양이다. 태양은 차가운 우주 속으로 끊임없이 열을 뿜어내고 있다. 열은 우주로 퍼져 나가 결코 돌아오지 않는다. 이것은 되돌릴 수 없는 거대한 과정이다.

여기 분명히 떠오르는 의문이 있다. 우주의 엔트로피는 영원히 증가할까? 외부와 단열된 상자 안에서 더운 물체와 찬 물체가 접촉하는 경우를 상상해 보자. 더운 물체에서 찬 물체로 에너지가 흐르면 엔트로피는 증가한다. 그러나 궁극에 가서 찬 물체는 더워지고 더운 물체는 차가워져 같은 온도에 이르게 될 것이다.

그와 같은 상태에 도달하면, 더 이상의 에너지 흐름은 없을 것이다. 상자 안의 계는 균일한 온도의 상태, 열역학적 평형인 엔트로피가 최댓값을 갖는 안정된 상태에 이를 것이다. 계가 고립되어 있는 한 더 이상의 변화가 일어날 수 없다.

그러나 어떻게 해서든 물체들이 교란을 당하면, 즉 상자 외부로부터 열을 받으면 열로 인한 운동이 일어날 것이고, 엔트로피는 더 큰 최댓값을 향해 증가할 것이다.

이러한 열역학적 아이디어들은 천문학적 · 우주론적 변화에 대해 무엇을 말해 주는가? 태양이나 다른 별들은 수십 억년 동안 계속해서 열을 방출할 수 있다. 그렇다고 고갈되지 않는 것은 아니다. 정상적인 별의 열은 내부의 핵반응 과정에서 발생한다. 뒤에 설명하게 되겠지만, 태양의 핵 연료는 결국 고갈된다. 그리고 다른 사건들로 인해 상황이 변하지 않는다면 태양은 주위의 공간과 똑같은 온도에 이를 때까지 냉각될 것이다.

비록 헬름홀츠가 핵반응(그 당시 태양의 무궁한 에너지원은 미스터리였다.)에 대해 전혀 몰랐다고 하더라도, 그는 우주의 모든 물리적 활동이 열역학적 평형인 최종 상태, 즉 최댓값의 엔트로피를 가진 다음에는 영원히 엔트로피 값의 변화가 없는 상태를 향해 진행한다는 일반적인 원리를 이해했다. 평형을 지향하는 이러한 일방통행은 초기의 열역학자들에게 우주의 '열적 죽음(heat death)'으로 알려졌다.

개별 계는 외적인 교란에 의해 다시 활동적으로 될 수 있다고 하더라도, 우주는 그 정의(定義)에 따라 '외부'를 가지지 않는다. 따라서 그 어떤 현상도 피할 수 없는 열적 죽음을 방해할 수는 없다. 그것은 피할 수 없는 것처럼 보였다.

우주가 열역학 법칙들의 피할 수 없는 결과로 죽어 간다는 발견은 여러 세대의 과학자들과 철학자들에게 암울한 영향을 끼쳤다. 예를 들면, 버트런드 러셀(Bertrand Russell)은 『나는 왜 기독교인이 아닌가(*Why I Am Not a Christian*)』라는 책에서 다음과 같은 우울한 평가를 기술했다.

> 모든 세대가 기울인 그 숱한 노력, 그 모든 희생, 그 모든 영감, 대낮같이 밝은 그 모든 인간의 천재성은 태양계의 거대한 죽음 안에서 사라질 운명에 처해 있다.
>
> 인간이 건설한 모든 사원(寺院)은 황폐화된 우주의 잔해 더미에 묻힐 수밖에 없다. 논쟁의 여지가 전혀 없는 것은 아니지만, 이 모든 것들은 이제 거의 확실한 일이다.
>
> 이를 거역하는 어떤 철학도 지지받을 희망이 없다. 이러한 진리를 지지하는 발판 위에서, 그리고 확고한 절망의 기초 위에서 볼 때 과연 지금부터 영적인 안식처가 안전하게 건설될 수 있을까.

다른 작가들은 열역학 제2법칙과 죽어 가는 우주라는 이야기에서 우주가 무의미하며, 인간 존재가 궁극적으로 쓸모없는 것이라는 결론을 내렸다. 나는 다음 장들에서 이 냉혹한 평가를 다시 검토해 그것이 잘못 인식된 것인지 아닌지를 살펴보겠다.

우주의 최후가 열적 죽음이라는 예측은 우주의 미래에 대해 무엇인가를 말해 줄 뿐만 아니라, 과거에 대해서도 중요한 시사점을 준다. 우주가 일정한 비율로 되돌릴 수 없는 과정을 달려간다면, 영원히 존재했을 리가 없음은 자명하다. 그 이유는 간단하다. 우주의 나이가 무한대라면, 그것은 벌써 죽었어야 한다. 명백히 일정한 비율로 진행되는 무엇은 영원히 존재할 수 없다. 바꿔 말하면, 우주는 일정한 시간 이전에 생겨났음에 틀림없다.

이 심오한 결론을 19세기 과학자들은 적절히 파악하지 못했다. 갑자기 대폭발을 통해 우주가 생겨났다는 생각은 1920년대의 천문학적 관측을 기다려야 했다. 과거에도 때때로 일정 시점에 우주가 생겨났다는 제안이 강하게 대두되었지만, 그것은 순수한 열역학적 배경에 기초한 이론이었다.

이 명백한 추론이 이루어지지 않았기 때문에 19세기 천문학자들은 호기심을 불러일으키는 천문학적 역설 때문에 좌절을 맛봐야 했다. 그것은 그 이론을 정식화한 독일 천문학자의 이름을 따 올베르스의 패러독스(Olbers' paradox)로 알려져 있는데, 단순하지만 심오하고 중요한 의문을 제기했다. 밤하늘은 왜 어두울까?

언뜻 보면 이 문제는 시시해 보인다. 별들이 지구로부터 무한히 떨어져 있어 희미하게 보이기 때문에 밤하늘은 어둡다 그림 2. 그렇지만 우주 공간에는 한계가 없다고 생각해 보라. 이 경우 무한히 많은 별들이 존재할 것이다. 무한히 많은 수의 희미한 별들에서 나온 빛이 합해지면 상당한 밝기가 될 것이다.

우주 공간에 별들이 비교적 균질하게 분포되어 있고 그 수가 변하지 않는다고 한다면 무한히 많은 별들에서 나오는 전체 별빛을 쉽게 계산할 수 있다. 거리에 대한 별의 밝기는 역제곱의 법칙에 따라 줄어든다. 이것은 거리가 2배가 되면 밝기는 4분의 1배가 되며, 거리가 3배가 되면 밝기는 9분의 1배가 된다는 뜻이다.

다른 한편, 별들의 숫자는 멀리 내다보면 볼수록 증가한다. 실제로 간단한 기하 도형으로 별들의 숫자를 나타내 보일 수 있다. 즉 200광년 떨어진 별들의 수는 100광년 떨어진 별들의 수의 4배가 되고, 300광년 떨어진 별들의 수는 9배가 된다. 따라서 별들의 수는 거리의 제곱에 따라 증가한다. 반면에 밝기는 거리의 제곱에 따라 줄어든다.

두 효과가 상쇄하여, 결과적으로 주어진 거리의 모든 별들에

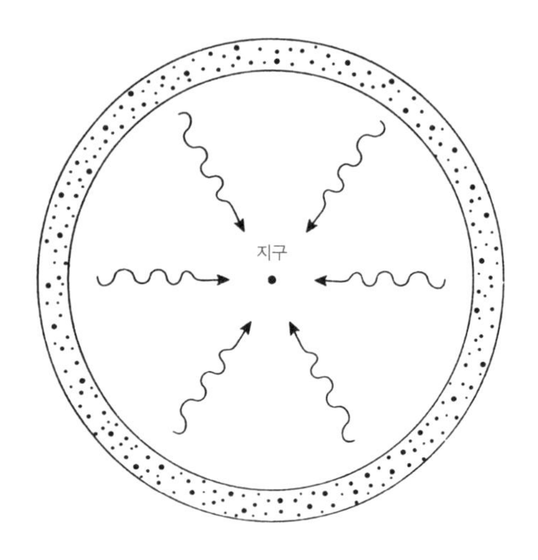

그림 2
올베르스의 패러독스. 별들이 균일한 평균 밀도로 골고루 흩어진 변하지 않는 우주를 상상해 보자. 지구를 중심으로 한 공간의 얇은 구면 껍질(spherical shell)에 분포한 별들이 그림에 보인다(구면 껍질 바깥쪽에 위치한 별들은 그림에서 생략되었다.). 이 구면 껍질에 분포한 별들에서 나오는 빛은 지구를 비추는 모든 별빛의 다발에 기여한다. 하나의 별에서 발하는 빛의 강도는 구면 껍질의 반지름의 제곱에 비례해 줄어들 것이다. 하지만 구면 껍질에 분포한 별의 숫자는 구면 껍질의 반지름의 제곱에 비례해 증가할 것이다. 따라서 이 두 요인은 서로 상쇄되어, 각 구면 껍질의 총 광도는 반지름과 무관하다. 무한대 크기의 우주에는 무한한 구면 껍질이 존재할 것이다. 따라서 무한히 밝은 빛의 다발이 지구에 쏟아질 것이다.

서 오는 전체 빛의 밝기는 거리와 무관해진다. 200광년 떨어진 별들에서 오는 빛의 전체량은 100광년 떨어진 별들 전부에서 오는 빛의 양과 똑같다.

가능한 모든 거리에 있는 모든 별들에서 오는 빛을 곱할 때 문제가 생긴다. 우주에 경계가 없다면 지구에 쏟아지는 빛의 밝기도 한계가 없는 것처럼 보인다. 어둡기는커녕 밤하늘은 무한히 밝아야 한다.

별들의 유한한 크기를 고려할 때 문제는 다소 개선된다. 별이 지구로부터 멀리 떨어져 있으면 떨어져 있을수록 겉보기 크기가 작아진다. 가까이 있는 별은 동일 시야에 놓인 더 멀리 있는 별을 희미하게 할 것이다. 무한히 큰 우주에서 이런 현상은 수없이 많이 나타날 수 있다. 이것을 고려하면 앞의 계산 결과는 달라진다.

지구에 도달하는 빛의 다발은 무한대가 아니라 단지 매우 큰 값이 될 것이다. 그 값은 하늘을 가득 메운 원반 모양의 태양이 지구로부터 160만 킬로미터 정도 떨어져 있을 때 지구가 받는 빛의 양과 엇비슷할 것이다. 160만 킬로미터 정도 떨어진 거리란 그리 안전한 위치가 못 된다. 이게 사실이라면, 지구는 강렬한 열 때문에 급속히 증발해 버릴 것이다.

무한한 우주는 우주 용광로임에 틀림없다는 결론은 필자가 앞서 논의한 열역학 문제를 사실상 다른 말로 다시 표현한 것이다.

별들은 열과 빛을 우주 공간으로 쏟아 낸다. 이렇게 복사된 에너지는 서서히 우주 공간에 축적된다. 별들이 영원히 타오른다면 우주 공간에 복사된 에너지가 무한대의 값을 가질 것이다.

그러나 어떤 복사된 빛은 우주 공간을 여행하는 도중 다른 별들에 부딪쳐 재흡수될 것이다(이것은 가까이 있는 별들이 멀리 떨어져 있는 별들에서 오는 빛을 희미하게 하는 것과 같은 현상이다.). 그러므로 복사의 강도는 방출 비율과 흡수 비율이 균형을 이루는 평형 상태에 이를 때까지 증가할 것이다. 이 같은 열역학적 평형 상태는 우주 공간의 복사 에너지가 별들의 표면 온도(수천 도)와 똑같은 온도에 이를 때 실현된다. 따라서 우주는 수천 도로 달궈지고 밤하늘은 어둡기보다는 뜨거운 열을 내뿜으며 환히 빛날 것이다.

올베르스는 자신의 패러독스에 해결책을 제시했다. 우주 공간에 퍼져 있는 방대한 양의 먼지에 대해 언급하고, 이 물질들이 별빛의 대부분을 흡수해 하늘을 어둡게 한다고 말했다. 불행히도 그의 생각은 상상력을 자극하긴 하지만 근본적인 오류를 안고 있다. 먼지도 결국 가열되어 흡수한 복사 에너지와 똑같은 복사 에너지를 방출하며 빛을 발하기 시작할 것이다.

또 다른 가능한 해결책은 우주가 무한하다는 가정을 포기하는 것이다. 별들이 많기는 하지만 유한하고, 우주의 암흑 공간은 무한하다. 이렇게 생각하면 대부분의 별빛은 우주 공간 너머로 흘러가 사라진다.

그러나 이 간단한 해결책 역시 치명적인 결점을 갖고 있다. 사실 이 문제는 이미 아이작 뉴턴(Isaac Newton)이 17세기에 익히 알고 있었던 것이다. 결점은 중력의 성질에 관한 것이다. 별들은 다른 별들을 중력으로 잡아당긴다. 그러므로 무리를 형성하는 모든 별들은 중력의 중심에 덩어리로 뭉쳐지려 할 것이다. 만약 우주가 일정한 중심과 가장자리를 가졌다면, 하나의 덩어리로 자체 붕괴해야만 한다. 우주의 형태를 지지해 주는 힘도 없고 정지 상태에 있는 유한한 우주는 불안정하며, 중력 붕괴를 피할 수 없다.

이 중력 문제는 필자의 이야기 전개에서 나중에 또다시 언급될 것이다. 여기서 우리는 단지 이 문제를 살짝 피해 가려 한 뉴턴의 순진한 방법을 언급할 필요가 있다. 뉴턴은 우주가 중력의 중심을 가졌다면 우주는 중력의 중심을 향해 붕괴해야 한다고 생각했다.

만약 우주가 무한히 뻗어 있고 균질한 별들의 분포를 가졌다면, 중심도 없고 가장자리도 없을 것이다. 마치 줄이 모든 방향으로 복잡하게 엉켜 있는 거대한 줄다리기같이 하나의 별이 많은 이웃한 별들에 의해 잡아당겨질 것이다. 평균하면, 이 모든 당김은 서로 상쇄되어 별은 움직이지 않을 것이다.

따라서 뉴턴이 제시한 붕괴하는 우주 패러독스의 해결책을 받아 들인다면, 우리는 또다시 무한한 우주라는 올베르스의 패러독스를 떠안게 된다. 우리는 두 문제 중 어느 하나와 직면해야만 하는 것처럼 보인다.

그러나 지혜를 동원하면, 진퇴양난에 빠져도 한 가닥 활로를 발견할 수 있다. 그 활로는 우주가 '공간상'으로 무한하다는 가정이 아니라, 우주가 '시간상'으로 무한하다는 가정을 살펴보는 데에서 시작되었다. 불타오르는 하늘이라는 패러독스는 천문학자들이 우주가 변하지 않는다고, 즉 별들이 정지해 있고 영원히 감소하지 않는 세기로 타오른다고 가정한 데서 생겨났다.

그러나 이제 우리는 이들 두 가정이 잘못된 것임을 알았다. 첫째, 나는 우주가 정지한 것이 아니고 팽창하고 있다고 간단히 설명하겠다.

둘째, 별들은 영원히 타오를 수 없다. 별들이 타오르고 있다는 사실은 우주가 과거의 유한한 시각에 존재하게 되었음을 의미한다.

우주의 나이가 유한하다면, 올베르스의 패러독스는 즉시 사라져 버린다. 왜일까? 매우 멀리 떨어진 별을 생각해 보자. 빛은 유한한 속도(진공에서 초속 30만 킬로미터)로 여행하기 때문에, 우리는 현재 상태의 별은 볼 수 없고 빛이 출발할 당시의 별을 볼 수 있다. 예를 들면, 밝은 별인 베텔게우스(오리온자리의 알파성)는 650광년 떨어져 있으므로 지금 우리에게 보이는 별은 650년 전의 별이다.

만약 우주가 100억 년 전에 탄생했다고 한다면, 지구로부터 100억 광년 이상 떨어져 있는 별은 볼 수가 없다. 우주는 공간적으로 무한히 뻗어 있을지도 모르지만, 유한한 나이라면 유한한 거리 이상은 볼 수가 없다. 유한한 나이를 가진 무한히 많은 별들에서 쏟아지는 전체 별빛은 유한할 것이며, 아마도 특별한 중요성이 없는 작은 양일 것이다.

열역학적으로 고려할 때에도 같은 결론에 이른다. 우주 공간이 너무나 크기 때문에 별들이 열복사로 우주 공간을 채워 같은 온도에 이르는 데 걸리는 시간이 무한히 길다. 지금쯤 열역학적 평형 상태에 도달하기에는 우주가 탄생한 이래로 흘러간 시간이 충분치가 않다.

이제 모든 증거는 우주가 한정된 나이를 가졌음을 나타낸다.

우주는 과거 어느 시점에 탄생해 지금 힘찬 활동을 보이지만, 미래 어느 시각의 열적 죽음을 향해 불가피하게 퇴보하고 있다.

즉시 여러 의문이 떠오른다. 종말은 언제 올 것인가? 어떤 형태의 종말이 일어날 것인가? 종말은 서서히 올 것인가 갑자기 올 것인가? 오늘날 과학자들이 이해하는 한에서는 열적 죽음이라는 결론이 그럴듯해 보이지만 그것이 오류로 판명될 수도 있지 않을까?

3 최초의 3분

역사가들과 마찬가지로 우주론 학자들은 미래에 대한 열쇠를 과거에서 찾을 수 있다고 생각한다. 앞 장에서 필자는 열역학 법칙들이 우주의 제한된 수명을 어떻게 규정하는지를 설명했다. 전체 우주가 대폭발을 통해 100억 년과 200억 년 전 사이에 탄생했으며, 우주의 궁극적인 운명을 향한 여정이 대폭발 사건에서 시작되었다는 사실은 과학자들 사이에서 거의 일치를 보이는 견해이다. 우주의 시작을 비롯한 여명기 상태에서 일어난 과정들을 탐구함으로써 먼 미래에 관한 중요한 실마리를 찾을 수 있다.

우주가 항상 존재한 것이 아니라는 생각은 서구 문명에 깊이 각인되어 왔다. 비록 그리스 철학자들이 무한한 우주에 대한 가능성을 고려하긴 했지만, 대부분의 서구 종교들은 과거 어느 한순간 신에 의해 우주가 창조되었다는 견해를 견지해 왔다.

우주가 대폭발을 통해 갑자기 탄생했다는 과학적 주장은 강력한 호소력을 지닌다. 가장 직접적인 증거는 먼 은하에서 오는 빛의 성질을 연구한 결과에서 찾을 수 있었다. 1920년대에 미국의 천문학자인 에드윈 허블(Edwin Hubble)은 애리조나 주 플래그스태프 관측소(Flagstaff observatory)에서 일하는 성운 연구 전문가인 베스토 슬리퍼(Vesto Slipher)의 끈기 있는 관측 결과를 추적했다. 그리하여 멀리 떨어진 은하가 가까운 은하보다 색깔이 약간 더 붉어 보인다는 사실에 주목했다. 허블은 윌슨 산(Mount Wilson)의 100인치 망원경으로 적색화를 측정한 그래프를 그렸다. 그는 그 결과에서 어떤 패턴을 찾아냈다. 은하가 지구로부터 멀리 떨어져 있으면 있을수록 더욱 붉게 보이는 것이었다.

빛의 색깔은 파장과 관련이 있다. 백색광의 스펙트럼에서 푸른색은 짧은 파장의 끝 부분에 놓이고 붉은색은 긴 파장의 끝 부분에 놓인다. 먼 은하의 적색화는 그 은하에서 온 별빛의 파장이 다소 늘어났음을 뜻한다.

많은 은하의 스펙트럼에 나타나는 특징적인 선의 위치를 조심스레 확인함으로써 허블은 이 효과를 확신할 수 있었다. 그는 빛의 파장이 늘어나는 것은 우주가 팽창한다는 사실에 기인한다고 주장했다. 이 중대한 발표로 에드윈 허블은 현대 우주론의 초석을 놓았다.

우주가 팽창한다는 이야기는 많은 사람을 혼란스럽게 했다. 지구의 관점에서 볼 때, 마치 멀리 떨어진 은하들이 지구로부터 달아나 도망가는 것처럼 보인다. 하지만 이 사실이 지구가 우주의 중심에 놓여 있음을 의미하지는 않는다. 팽창은 우주 어디에서나 똑같이 관측된다(평균적으로). 모든 은하—더 정확하게 말해 모든 은하단—는 서로서로 멀어져 간다. 은하단들이 우주 공간에서 움직인다기보다는 은하단들 사이의 우주 공간이 늘어나고 부풀어 오르는 현상을 마음속으로 그려 보는 것이 좋을 것이다.

우주 공간이 늘어날 수 있다는 사실은 놀랍게 보이겠지만, 1915년 아인슈타인이 일반 상대성 이론을 발표한 이래로 과학자들에게는 익숙한 개념이다. 이 이론은 중력이 실제로 우주 공간(시공간)의 굴곡, 뒤틀림을 일으킨다고 주장한다. 어떤 의미에서 공간은 탄력적이며, 공간을 구성하는 물질의 중력에 따라 휠 수도 있고 늘어날 수도 있다. 이 생각은 관측을 통해 충분히 확인되었다.

우주가 팽창한다는 개념을 이해하기 위해 단순한 비유를 사용해 보자. 단추들을 탄성 있는 줄에 일렬로 꿰어 놓는다고 상상해 보자. 이 단추들은 각각 하나의 은하단을 나타낸다그림 3.

이제 줄의 끝을 잡아당겨 늘여 보자. 모든 단추들은 서로서로 멀어져 간다. 어느 단추를 선택해 그 위치에서 보면 이웃한 단추들이 멀어져 가는 것처럼 보인다. 그럼에도 불구하고 팽창은 어디에서나 똑같이 일어난다. 특정 중심이란 없다. 물론 내가 그린 그림에는 중심적인 단추가 있지만, 실제 계가 팽창하는 방식은 아니다. 단추를 꿰고 있는 줄이 무한히 길거나 원형으로 닫힌 형태를 상상하면 이러한 오해는 쉽게 사라진다.

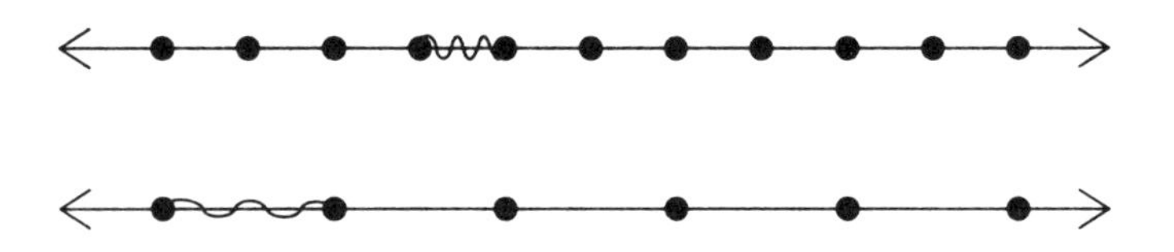

그림 3
팽창하는 우주의 1차원적 모델. 각 단추는 은하단을 나타내고, 탄력적인 줄은 공간을 나타낸다. 줄이 늘어나면 단추들이 멀어진다. 줄의 길이가 늘어남은 줄을 따라 전파되는 파동의 파장의 길이가 늘어나는 것으로 알 수 있다. 이 현상이 허블이 발견한 빛의 적색 편이에 상응하는 성질이다.

어느 특정 단추에서 볼 때, 바로 옆에 있는 단추는 다음으로 가까운 단추가 멀어져 가는 속도의 절반 속도로 멀어져 간다. 이런 식으로 더욱 먼 단추도 이해할 수 있다. 단추는 관찰하는 점에서 멀리 떨어져 있으면 있을수록 더 빠른 속도로 멀어져 간다.

이러한 양상의 팽창에서 멀어지는 속도는 거리에 비례한다. 이것은 매우 중요한 관계이다. 이러한 그림으로 이해를 도모하면 우리는 이제 단추들, 또는 은하단들 사이를 여행하는 빛의 파동을 상상할 수 있다. 우주 공간이 늘어날수록 파동의 파장도 늘어난다. 이러한 현상은 우주론적 적색 편이(赤色偏移)를 설명한다. 허블은 이 단순한 비유를 통해 적색 편이의 정도가 거리에 비례함을 밝혔다.

우주가 팽창하고 있다면, 과거에는 더욱 압축되어 있었음에 틀림이 없다. 허블의 관측과 이후의 훨씬 개선된 관측 결과들은 우주의 팽창률을 측정할 수 있게 해 준다. 만약 우주 영화를 거꾸로 돌릴 수 있다면, 우리는 먼 과거에 모든 은하가 한 덩어리로 되어 있던 것을 볼 수 있을 것이다. 현재의 팽창률을 볼 때, 이 합병된 상태가 수십억 년 전에 일어났을 것이라고 추론할 수 있다. 하지만 두 가지 이유에서 이러한 생각은 정확하지 않을 가능성이 높다.

첫째, 정확한 측정이 어려워 우주 팽창률에 다양한 오차가 포함되어 있다는 것이다. 현대의 망원경들은 탐구할 수 있는 은하의 수를 크게 증가시켰지만, 팽창률은 아직 두 가지 요인에서 불확실하며 활발한 반론이 제기되고 있다.

둘째, 우주의 팽창률이 시간에 대해 일정하지 않다는 것이다. 이것은 은하계 사이에 작용하는 중력—사실은 우주에 존재하는 모든 형태의 물질이나 에너지 사이에 작용하는 중력—때문이다. 중력은 외곽으로 달려가는 은하 질주를 제한하는 브레이크처럼 작용한다. 결론적으로 팽창률은 시간에 따라 점차 줄어든다. 우주는 현재보다 과거에 더욱 빠르게 팽창했음에 틀림없다. 만약 우리가 전형적인 우주의 크기를 시간에 대한 그래프로 그리면, 옆 쪽의 그래프와 곡선이 나타날 것이다그림 4.

우주는 매우 압축된 상태에서 출발해 대단히 빠르게 팽창한다. 우주의 부피가 증가함에 따라 물질의 밀도가 꾸준히 감소함을 볼 수 있다. 곡선을 따라 (그림에서 0으로 표시된) 출발점으로 거슬러 올라가면, 우주는 0의 크기에서 무한대의 팽창률로 출발했음을 볼 수 있다. 우리가 오늘날 볼 수 있는 모든 은하를 구성하는 물질은 격렬히 폭발하는 한 점에서 출현했다. 이것이 이른바 대폭발이라

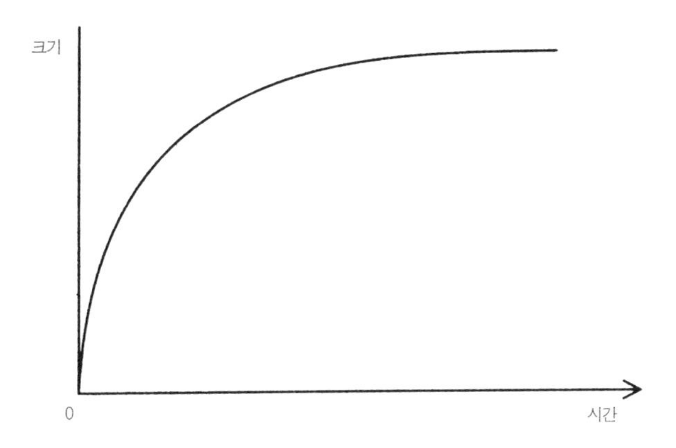

그림 4
우주 팽창률은 그림에 보이는 방식과 비슷하게 꾸준히 감소한다. 이 단순한 모델에서 팽창률은 시간축에 0으로 표시된 점에서 무한대이다. 이 점은 대폭발에 상응하는 점이다.

는 사건이다.

그러나 곡선을 연장해 출발점을 찾는 방법이 정당한 것일까? 많은 우주론 학자들은 그렇게 믿고 있다(앞 장에서 논의한 이유로). 우주의 출발점을 예상할 수 있다면, 대폭발이 바로 출발점이 될 수 있음은 확실한 것 같다. 그렇다면 곡선의 출발점은 단순한 폭발 이상을 나타낸다. 여기서 그려진 팽창 그래프가 우주 공간 자체의 그림이라는 사실을 기억할 때, 부피가 0이라는 사실은 단순히 물질만 무한대의 밀도로 짜부라져 있음을 뜻하는 것이 아니라, 우주 공간도 무(無)로 압축되어 있음을 의미한다.

바꿔 말해서, 대폭발은 물질과 에너지뿐만 아니라 공간의 기원이다. 이러한 시나리오를 받아들인다면, 대폭발이 일어나기 전에는 아무것도 없는 공간조차 존재하지 않는다는 사실을 깨달아야 한다.

이와 동일한 생각이 시간 개념에도 적용된다. 물질과 공간을 무한대의 밀도로 무한정 짜부라뜨린다는 것은 시간에도 경계를 설정한다. 시간도 공간과 마찬가지로 중력에 의해 늘어날 수 있기 때문이다.

또한 이 효과는 아인슈타인의 일반 상대성 이론의 결과이며, 곧바로 실험으로 검증되었다. 대폭발이 일어난 순간의 조건들은 시간이 무한히 뒤틀림을 의미하며, 따라서 시간(공간)이란 개념은 대폭발을 넘어서 거꾸로 확대될 수는 없다.

이제까지의 이야기의 결론은, 대폭발이 모든 물리적 공간, 시간, 물질, 에너지의 궁극적인 출발점이라는 사실이다. (많은 사람들이 하는 질문인) 대폭발 전에는 무슨 일이 일어났으며, 대폭발을 일으킨 것은 무엇인가 하는 질문은 확실히 의미가 없다. 이전이란 존재하지 않는다. 거기에는 시간이 존재하지 않으며, 일반적인 의미의 원인은 존재할 수 없다.

우주의 기원을 이렇듯 이상하게 설명하는 대폭발 이론이 우주 팽창이라는 증거에만 전적으로 의존하고 있다면, 많은 우주론 학자들은 아마도 이 이론을 거부할 것이다. 하지만 이 이론을 지지하는 중요한 새 증거가 1965년에 발견되었다. 그것은 우주가 열복사의 바다 속에 있다는 것이다.

대폭발 이후 다소 교란되지 않은 상태로 우주를 여행해 하늘의 모든 방향으로부터 동일한 강도로 지구로 날아드는 이 열복사는 원시 우주의 한순간을 보여 준다.

이 열복사의 스펙트럼은 열역학적 평형 상태(물리학자들에게 흑체 복사로 알려진 복사와 똑같은 현상)에 도달한 용광로에서 방출되는 백열광의 스펙트럼과 정확하게 일치한다. 이리하여 초기 우주는 모든 영역이 동일한 온도 상태, 즉 평형 상태에 있었다는 결론을 내리게 된다.

우주 배경 복사의 측정 결과는 그 온도가 절대 온도 0도(섭씨 온도로는 영하 273도)보다 약 3도 정도 높은 상태임을 보여 주나, 온도는 시간에 따라 천천히 변화한다. 우주가 팽창하면 우주는 간단한 공식에 따라 냉각된다. 반지름이 2배가 되면 온도는 절반으로 떨어진다. 이 냉각은 빛의 적색 편이와 동일한 효과이다.

열복사의 빛은 전자기파로 구성되어 있으며, 열복사의 파장 역시 우주가 팽창함에 따라 늘어난다. 저온 복사는 고온 복사보다 긴 파동으로 구성되어 있다.

또다시 우주 영화를 거꾸로 돌려 보면, 우리는 우주가 과거에 훨씬 더 뜨거웠음을 알 수 있다. 우주 배경 복사 자체는 대폭발 이후 30만 년쯤 지나 우주가 약 섭씨 4,000도로 냉각되었을 때 방출된 전자기파이다.

그 전에는 주로 수소로 구성된 원시 가스가 이온화된 플라즈마(plasma) 상태로 있었기 때문에 전자기 복사(전자기파)가 흡수되어 투과될 수 없는 상태였다. 온도가 내려감에 따라 플라즈마는 (이온화되지 않는) 정상의 수소 기체가 되었고, 우주 공간은 우주 배경 복사가 자유롭게 전파될 수 있는 투명한 공간이 되었다.

우주 배경 복사는 그 스펙트럼이 흑체 복사와 같을 뿐만 아니라 온 하늘에 걸쳐 극히 균일하다. 우주 배경 복사의 온도는 방향에 따라 100만분의 1 정도 차이를 보일 뿐이다. 이런 완만한 변화는 우주가 큰 규모에 있어서 놀라울 정도로 균질한 상태를 유지하고 있음을 뜻한다. 공간의 어느 한 영역에, 또는 어느 특정 방향으로 임의의 물질이 덩어리져 있으면 그것이 온도의 변화로 나타날 것이기 때문이다.

다른 한편, 우리는 우주가 완벽하게 균질하지 않음을 알고 있다. 물질은 은하의 형태로 모여 있으며, 은하들은 대개 은하단을 형성한다. 이러한 은하단은 초은하단(supercluster)으로 다시 모인다. 수백만 광년의 공간 규모에서 보면, 우주는 얄팍하거나 길쭉한 은하들이 거품처럼 거대한 허공을 둘러싼 일종의 거품 구조를 띠고 있다.

우주가 거대 규모로 뭉쳐진 것은 훨씬 완만한 변화를 보이는 원래 상태에서 생성된 것임에 틀림없다. 비록 다양한 물리적 메커니즘이 작용한다고 하더라도, 완만한 중력 작용의 인력이 이 구조를 만들었다는 설명이 가장 그럴듯하다. 만약 대폭발 이론이 옳다면, 우리는 뭉쳐지는 과정의 초기 단계와 관련된 몇 가지 증거가 우주 배경 복사에 각인되어 있으리라고 기대할 수 있다.

1992년 코비(COBE, Cosmic Background Explorer)라고 명명된 미국 항공우주국(NASA)의 인공위성은 우주 배경 복사가 정확히 완만한 변화를 보이는 것이 아니라 물결처럼 불규칙한 강도 변화를 보인다는 사실을 밝혀냈다. 이 사소한 불규칙성들은 초은하단의 초기 생성 과정이 완만했음을 보여 주는 것 같다. 우주 배경 복사는 원시 상태의 응집 과정에 대한 실마리를 영겁의 시간 동안 충실하게 간직해 온 것이다. 우주는 언제나 오늘날 우리가 이해하고 있는 분명한 방식으로 조직되지 않음을 그림으로 보여 주고 있다. 물질이 은하나 별로 뭉치는 현상은 매우 균질한 상태에서 시작된 우주의 확장된 진화 과정이다.

우주가 고온 고밀도 상태에서 기원했다는 이론을 확신시켜 주는 마지막 한 가닥의 증거가 있다. 열복사의 온도를 앎으로써 오늘날 과학자들은 탄생 1초 후쯤의 우주는 전체적으로 100억 도 정도의 온도 상태에 있었음을 계산할 수 있다.

이 온도는 복합적인 원자핵이 존재하기에도 너무 뜨겁다. 그때 물질은 가장 기본적인 구성 입자들로 갈가리 나뉘어 양성자, 중성자, 전자와 같은 기본 입자들이 뒤죽박죽 섞여 있는 수프 상태였음이 틀림없을 것이다.

하지만 수프가 냉각됨에 따라 핵반응이 가능해졌다. 특히 중성자와 양성자가 짝을 이루어 서로 달라붙었다. 이 짝들은 교대로 헬륨 원소의 원자핵을 형성하며 결합했다. 계산에 따르면 이 핵반응은 약 3분간 지속되었다(이 사실에서 스티븐 와인버그의 책 제목인 『최초의 3분』이 유래했다). 이 시간 동안에 물질 질량의 약 4분의 1이 헬륨으로 합성되었다.

이 과정에서 이용 가능한 모든 중성자들이 실질적으로 다 사용되었다. 결합되지 않고 남은 양성자들은 수소의 핵이 될 수밖에 없었다. 이론적으로 우주는 75퍼센트의 수소와 25퍼센트의 헬륨으로 구성되어 있다. 이 수치들은 오늘날 우리가 측정한 원소 분포 비율과 잘 일치하고 있다.

아마도 원시 핵반응은 대단히 적은 양의 중수소나 헬륨 3, 리튬을 생성했을 것이다. 하지만 우주 물질의 1퍼센트도 차지하지 못하는 무거운 원소들은 대폭발에서 만들어지지 않았다. 그것들은 훨씬 뒤에 별의 내부에서, 4장에서 다루게 될 방식으로 형성되었다.

우주의 팽창, 우주 배경 복사, 화학 원소의 상대적 풍부성 등은 대폭발 이론을 지지하는 강력한 증거들이다. 그럼에도 불구하고 설명되지 않은 많은 의문들이 남아 있다. 우주는 왜 현재의 팽창 속도로 팽창할까? 대폭발은 왜 그렇게 강력했을까? 왜 초기의 우주는 그토록 균일했으며, 팽창률은 공간의 모든 방향과 모든 지역에서 비슷한 값을 가질까? 코비가 발견한 밀도의 작은 요동—은하와 은하단의 형성에 너무나 중요한 요동—은 어디에서 기원하는 것일까?

최근 몇 년 동안 대폭발 이론과 고에너지 입자물리학의 최신 아이디어들을 결합해 이 심오한 수수께끼들을 풀기 위한 영웅적인 노력이 기울여졌다. 내가 강조하고 싶은 점은, 이 '새로운 우주론'은 필자가 지금까지 논의한 주제들보다도 훨씬 약한 과학적 기초 위에서 전개된다는 점이다.

특히 흥미로운 것은 이 과정들이 지금까지 관찰된 어떤 에너지보다 거대한 에너지가 소용돌이치는 와중에 우주 탄생으로부터 1초의 몇 분의 1밖에 되지 않는 순간에 일어난다는 점이다. 당시의 조건들이 지나치게 극단적이기 때문에, 오늘날 우리가 이 과정을 설명하려면 수학적 모형에 의존할 수밖에 없다.

새로운 우주론의 중심 아이디어는 급팽창(inflation)이라고 불리는 과정이다. 이 아이디어의 기초는 태초의 어느 순간에 우주가 갑자기 커지는 급팽창이 일어났다는 것이다. 이 급팽창과 함께 무슨 일이 일어나는가를 보기 위해 그림 4를 다시 보자. 그림 4에서 공간 팽창률은 언제나 감소한다. 이와 대조적으로 급팽창이 일어나는 동안에는 팽창이 실제로 가속된다그림 5.

그림 5의 수직축은 그림 4에 비해 과장되어 있다. 초기의 팽창은 느리나, 급팽창이 시작되면 팽창이 급속하게 이루어져 곡선은 순식간에 하늘을 향해 솟아오른다. 마지막으로 곡선은 정상적인 경향을 회복하지만, 그림 4의 같은 시점과 비교해 볼 때 그림 5의

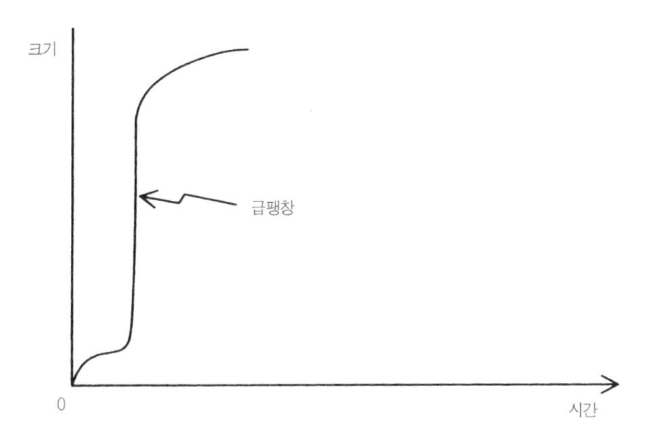

그림 5

급팽창 시나리오. 이 시나리오에서 우주는 대폭발이 시작된 후 아주 짧은 시간 안에 갑자기 거대해진다. 수직 축척은 극도로 압축되어 있다. 급팽창 이후의 팽창은 그림 4에서와 같은 양상으로 감속률에 따라 진행된다.

우주 공간이 방대하게 커진 것을 알 수 있다(그림에서 나타난 것보다 훨씬 더 큰 비율이다.).

왜 우주는 이렇게 기묘한 방법으로 활동을 할까? 곡선이 아래쪽으로 휘는 것은 팽창에 브레이크를 거는 중력 작용 때문이다. 그렇다면 곡선이 위쪽으로 휘는 것은 우주를 점점 더 빨리 커지게 하는 일종의 반중력(反重力), 또는 척력(斥力)이 작용했기 때문이라고 생각할 수 있다. 반중력이라는 개념이 미심쩍어 보이기는 하지만, 최근의 어떤 이론들은 그러한 현상이 초기 우주를 지배한 극단적인 온도와 밀도의 조건에서는 일어날지도 모른다는 주장을 펴고 있다.

그러한 반중력 작용을 논하기 전에, 왜 급팽창 국면이 방금 언급한 우주의 수수께끼들 중 일부를 해결하는 데 도움을 주는가에 대해 설명하겠다. 첫째, 점증하는 팽창은 왜 대폭발이 그토록 강하게 일어나는가를 확실하게 설명할 수 있다. 그리고 반중력 효과는 우주의 크기가 일시적으로나마 지수함수적으로 증가한 이유를 설명해 준다.

수학적으로 이것은 주어진 공간 지역이 고정된 시간의 주기에 따라 2배가 됨을 의미한다. 이 주기를 똑딱이라고 하자. 2번 똑딱거린 후 크기는 4배가 된다. 3번 똑딱거리면 크기가 8배가 되며, 10번 똑딱거리면 그 지역은 1,000배 이상이 팽창한다. 계산에 따르면 급팽창이 일어나는 시간의 끝 부분에서 팽창률은 오늘날 관찰된 팽창률과 일치한다(6장에서 이 이론이 의미하는 바를 보다 정확히 설명하겠다.).

급팽창에 의해 가끔 크기에서 거대한 점프가 일어나는 것은 우주의 균질성에 대해 알기 쉬운 설명을 제공한다. 마치 풍선의 주름이 풍선이 부풀어 오르면서 사라지듯이, 공간이 늘어남으로써 초기의 불규칙성들이 사라지고 우주는 균일해진다. 마찬가지로 방향에 따라 달리 나타나는 초기의 다양한 팽창률도 모든 방향에서 동일한 강도로 일어나는 급팽창에 의해 곧장 극복될 것이다.

마지막으로 코비가 밝혀낸 약간의 불규칙성은(이유를 간략히 논의하겠지만) 급팽창이 모든 지역에서 동일한 순간에 끝나지 않았을지도 모른다는 사실에 기인하는 것으로 보인다. 어떤 지역은 다른 지역들보다 급팽창이 조금 더 진행되어 밀도에 있어서 약간의 다양성을 낳았을 수도 있다.

숫자를 대입해 생각해 보자. 급팽창 이론의 가장 단순한 설명에 따르면, 급팽창을 일으키는 힘(반중력)은 10조분의 1의 10조분의 1초(10^{-34}초)마다 우주의 크기를 2배로 만드는 것으로 드러났다. 이 지극히 짧은 시간 동안을 나는 똑딱이라고 불렀다. 단 100번의 똑딱 뒤에 원자핵만 하던 지역은 거의 1광년의 크기로 급팽창했을 것이다. 이 사실로써 앞서 진행된 우주론적 수수께끼들을 쉽게 풀 수 있을 것이다.

급팽창 활동을 설명할 몇 가지 가능한 메커니즘들이 발견되었는데, 이것은 아원자 입자물리학 이론에도 잘 부합된다. 이 모든 메커니즘들은 양자 진공으로 알려진 개념들을 이용하고 있다. 어떤 내용이 관계되고 있는가를 이해하기 위해서는 양자물리학에 관한 몇 가지 사실을 알아볼 필요가 있다.

양자 이론은 열이나 빛과 같은 전자기 복사의 성질에 관한 새로운 발견에서 시작되었다. 이 복사들은 비록 파동의 형태로 공간에 전파되어 가지만, 경우에 따라서는 입자처럼 행동한다. 특히 빛의 방출과 흡수는 광자(photon)라고 불리는 작은 에너지 묶음(quanta, 양자)의 형태로 일어난다.

파동과 입자의 성질이 합성된 것 같은 이 이상한 현상은 때때로 파동성과 입자성의 이중성으로 불리는데, 원자 규모나 다원자 규모의 모든 물리적 실체에 적용되는 것으로 판명되었다. 통상 입자로 간주되던 전자, 양성자, 중성자 같은 실체들, 심지어는 원자들마저도 어떤 상황에서는 파동의 속성을 드러내 보인다.

양자 이론의 중심 신조는 하이젠베르크의 불확정성 원리이다. 이 원리에 따르면 양자적인 대상의 모든 속성을 정확히 정의할 수 없다. 전자는 정확한 위치와 정확한 운동량을 동시에 가질 수가 없다. 뿐만 아니라 전자는 일정한 시간에 일정한 에너지 값을 가질 수가 없다.

여기서 우리의 관심을 끄는 것은 에너지 값의 불확정성이다. 공학자들의 거시 세계에서 에너지는 언제나 보존된다(에너지는 창조되거나 소멸되지 않는다.).

이 법칙은 아원자 양자 영역에서 배제된다. 에너지는 한 순간에서 다음 순간으로 자발적이며 예상할 수 없는 방식으로 변한다. 관련된 시간 간격이 짧으면 짧을수록 이 같은 무작위적인 양자 요동이 더욱 커진다.

실제 입자는 에너지를 빌렸다가 즉각 갚을 수 있는 한 아무것도 없는 곳(nowhere)에서 에너지를 빌릴 수 있다. 하이젠베르크의 불확정성 원리를 정확한 수식(數式)으로 쓰면, 큰 에너지를 빌리면 아주 빠른 시간에 되갚아야 하고, 작은 에너지를 빌리면 좀 더 긴 시간에 갚아야 한다는 이야기가 유도된다.

에너지의 불확정성은 몇 가지 흥미로운 결과를 낳는다. 이것들 중에는 광자와 같은 입자가 무에서 생겨났다가 곧바로 사라져 없어질 가능성도 있다. 이 입자들은 빌려 온 에너지로 빌려 온 시간 동안 살아 있다. 그러나 그들의 출현은 전광석화같이 진행되기 때문에 우리는 그 입자들을 보지 못한다.

따라서 우리가 허공이라고 생각하는 곳에는 그처럼 일시적으로 존재하는 입자들, 즉 광자뿐만 아니라 전자, 양성자, 그 밖의 입자들이 가득 차 있다. 이렇게 일시적으로 나타나는 입자들을 보다 영구히 존재하는 입자들과 구별하기 위해 '가상(virtual) 입자'와 '실제(real) 입자'라는 용어를 쓴다.

일시적이라는 성질을 제외하는 가상 입자들은 실제 입자들과 똑같다. 사실 계 외부에서 충분한 에너지가 공급되어 빌려 온 하이젠베르크의 에너지를 갚을 수 있으면, 가상 입자는 실제 입자가 될 수 있다. 이때 실제 입자가 된 가상 입자를 같은 종류의 다른 실제 입자와 구별할 수 없다. 가상 전자는 대체로 10^{-21}초 동안 살아 있다. 이 짧은 시간 동안 가상 전자는 정지해 있지 않고 10^{-11}센티미터 정도(원자의 크기가 10^{-8}센티미터임) 달려간 후 소멸된다. 가상 전자가 이 짧은 시간 동안 (전자기장으로부터) 에너지를 얻게 되면, 소멸되지 않고 완전히 정상적인 전자로 존재하게 된다.

비록 우리가 가상 입자들을 볼 수 없다고 하더라도, 이 입자들은 우리가 파악할 수 있는 활동의 자취를 남기기 때문에 빈 공간에 '실제로 존재함'을 알 수 있다. 가상 광자의 어떤 효과는 원자들의 에너지 준위를 살짝 변경시킨다. 그들은 또한 전자들의 자기(磁氣)를 똑같이 작은 정도로 변화시킨다. 이 미세하지만 중요한 변화들은 분광학을 통해 매우 정확하게 측정된다.

위에서 설명한 양자 진공의 단순한 그림은, 아원자 입자들이 일반적으로 자유롭게 움직일 수 있는 게 아니라 다양한 종류의 힘의 작용을 받는다는 점을 고려할 때 수정될 수 있다. 입자들에 작용하는 힘은 관계된 입자들의 종류에 따라 다르다.

이 힘들은 또한 대응하는 가상 입자들 사이에서도 작용한다. 한 가지 종류 이상의 진공 상태가 존재할 수 있다. 가능한 '양자 상태(quantum states)'가 여럿 존재한다는 것은 양자물리학에서는 익숙한 일이다.

원자들의 다양한 에너지 준위들은 잘 알려져 있다. 원자핵 주위의 궤도를 도는 전자는 일정한 에너지에 따라 잘 정의된 특정 상태에 존재할 수 있다. 가장 낮은 준위는 바닥상태(ground state)라고 불리며, 안정된 상태이다. 보다 높은 준위들은 들뜬상태(excited states)라고 불리며 불안정한 상태이다. 전자가 높은 에너지 상태로 뛰어 올라가면 한 번, 혹은 여러 번의 하향 상태 전환을 거쳐 바닥상태로 돌아간다. 다시 말해 들뜬상태는 잘 정의된 반감기(half-life)에 따라 '붕괴(decay)'한다.

유사한 원리가 진공에도 적용된다. 진공은 하나나 여러 개의 들뜬 상태를 갖는다. 이 상태들은 비록 실제로는 똑같아 보이지만 매우 다른 에너지를 지닐 수 있다. 가장 낮은 에너지 상태, 또는 바닥상태는 때때로 '진짜 진공(true vacuum)'으로 불린다. 진짜 진공은 안정된 상태로, 오늘날 관찰된 우주의 허공 지역에 상응하는 상태이다. 들뜬 진공은 가짜 진공(false vacuum)으로 여겨진다.

가짜 진공은 순수하게 이론적인 관념의 산물로 관계된 특정 이론에 크게 의존한다. 하지만 그것은 네 가지 근본적인 힘을 통합하려는 대다수의 최근 이론들에 자연스럽게 나타난다. 네 가지 근본적인 힘에는 일상생활에서 익숙한 중력과 전자기력, 그리고 미시 세계에서 작용하는 두 가지 핵력인 약력과 강력이 있다.

이 목록은 상당히 오랫동안 사용되고 있다. 전기와 자기는 한

때 서로 다른 것으로 여겨졌다. 그 통합 노력은 19세기 초에 시작되었으며, 최근 수십 년 동안 상당한 진전이 있었다.

오늘날 전자기력과 약한 핵력은 하나의 '전기약력(electroweak force)'을 형성하는 것으로 알려졌다. 많은 물리학자들은 강력도 한 가지 형태나 다른 형태로 전기약력과 통일될 것이라고 믿는다. 아마도 네 가지 힘 모두가 어느 심오한 수준에서 하나의 초력(超力)으로 통합될 것이다.

급팽창 메커니즘의 가장 유망한 후보는 다양한 통일장 이론에 의해 예측되었다. 이 이론의 핵심적인 아이디어는 가짜 진공 상태의 에너지가 엄청나다는 점이다. 1세제곱센티미터의 가짜 진공 안에 10^{87}줄(joule, 에너지 단위로 상온 상압하에서 물 1그램의 온도를 섭씨 1도 높이는 데 4.2줄의 에너지가 필요하다.—옮긴이)의 에너지가 포함되어 있다. 그러한 상태에서는 원자만 한 부피 안에 10^{62}줄의 에너지가 들어 있다. 이 양을 들뜬상태의 원자가 갖는 에너지 10^{-18}줄과 비교해 보라.

따라서 진짜 진공을 들뜨게 하는 데 많은 양의 에너지가 소요된다. 우리는 오늘날의 우주에서 가짜 진공과 마주치기를 기대할 수 없다. 그러나 대폭발이라는 극단적인 조건에서는 가짜 진공을 만날 수 있을지도 모른다.

가짜 진공과 관계된 거대한 에너지는 강력한 중력 효과를 갖는다. 아인슈타인이 우리에게 보여 준 바와 같이 에너지는 질량이다($E=mc^2$). 따라서 에너지도 마치 정상적인 물질처럼 중력과 그에 따른 인력을 만든다. 양자 진공의 막대한 에너지는 대단한 인력을 일으킨다. 가짜 진공 1세제곱센티미터의 에너지는 10^{67}톤의 질량으로 오늘날 관찰되는 우주 전체의 질량(약 10^{50}톤)보다 더 크다. 이 어마어마한 중력은 급팽창을 일으키는 데 아무 도움이 되지 않는다. 이 과정에는 일종의 반중력이 필요하다. 하지만 거대한 가짜 진공의 에너지는 똑같은 크기의 가짜 진공 압력과도 관계된다. 이 압력이 문제 해결의 핵심이다.

우리는 보통 압력을 중력의 원천으로 생각하지 않는다. 그러나 압력은 중력의 원천이다. 압력은 외부로 향하는 기계적인 힘을 만들기는 하지만, 안으로 향하는 중력 끌림도 낳는다. 보통 물체의 경우에 압력의 중력 효과는 물체의 질량 효과에 비해 무시해도 좋을 정도로 작다. 압력의 중력 효과는 물체의 질량 효과의 10억분의 1보다 약하다. 그럼에도 불구하고 압력 효과는 실제 현상이며, 압력이 극히 높은 값을 갖는 계에서 압력의 중력 효과는 질량의 인력에 필적할 만하다.

가짜 진공의 어마어마한 에너지와 비교될 만한 어마어마한 압력이 상존해 중력과 다투게 된다. 중요한 성질은 압력이 소극적인 힘으로 작용한다는 점이다. 가짜 진공은 밀어내는 것이 아니라 빨아들인다. 반대로 소극적인 압력은 소극적인 중력 효과를 낳는다. 말하자면 '반중력 작용'을 한다.

따라서 가짜 진공의 중력 작용 속에는 가짜 진공 속에 감춰진 에너지가 만든 거대한 인력효과와 소극적 압력이 만든 거대한 척력 효과의 경쟁이 포함되어 있다. 압력 효과가 득세하여 알짜 효과가 큰 척력으로 나타나면 1초보다 짧은 시간 동안에 우주를 뿔뿔이 흩어 놓는다. 이 굉장히 큰 급팽창 밀어내기는 우주의 크기를 10^{-34}초 동안 2배로 키운다. 그리고 이러한 팽창이 조금 더 계속된다.

가짜 진공은 본질적으로 불안정하다. 모든 들뜬 양자 상태처럼, 가짜 진공은 바닥 상태인 진짜 진공으로 붕괴되어 돌아가려는 경향이 있다. 이러한 전환은 아마도 수십 번의 똑딱거림 후에 일어날 것이다. 앞에서 논의한 하이젠베르크의 불확정성 원리에 따라 양자 과정은 필연적으로 비결정적이고 무작위적인 요동을 겪게 된다. 이러한 사실은 붕괴가 공간에서 균일하게 일어나지 않음을 의미한다. 아마도 요동이 일어날 것이다. 어떤 이론학자들은 이 요동이 코비가 관찰한 물결의 원천일지도 모른다고 주장한다.

가짜 진공이 붕괴될 때, 우주는 정상적인 감속 팽창을 계속할 것이다. 가짜 진공에 저장되었던 에너지가 열의 형태로 방출될 것이다. 급팽창으로 시작된 거대한 팽창은 우주를 절대 온도 0도에 근접하도록 냉각시킨다. 갑작스러운 급팽창의 종료는 우주를 가공할 온도인 10^{28}도로 재가열한다. 이 거대한 열탕의 흔적이 오늘날 우주 배경 복사로 살아 있다.

양자 진공에 있는 많은 가상 입자들이 진공 에너지의 부산물을 일부 받아들여 실제 입자로 격상되었다. 과정과 변화가 더욱 진행되어, 이 원시 입자들의 잔존물이 당신과 나, 은하, 그 밖에 관찰할 수 있는 다른 우주 물질을 구성하는 10^{50}톤의 물질이 되었다.

많은 선구적인 우주론 학자들이 믿고 있는 바와 같이 급팽창 시나리오가 옳다면, 우주의 기초적인 구조와 물리적 내용은 탄생으로부터 10^{-32}초의 시간이 지나는 동안 일어난 과정으로 결정되었다. 급팽창 이후의 우주는 아원자 입자의 수준에서 다른 많은 변화를 겪는다. 즉 원시 물질은 우주 물질을 구성하는 원자들로 발달했다. 물질의 생성은 우주 탄생으로부터 약 3분 이내에 거의 완전히 끝났다.

최초의 3분은 마지막 3분과 어떤 관계를 가질까? 표적을 향해 발사된 총알의 운명이 총의 조준에 결정적으로 의존하는 것과 같이, 우주의 운명도 초기 조건에 민감하게 의존한다. 우주가 최초의 기원에서 팽창한 방식과 대폭발에서 나타난 물질의 성질이 우주의 궁극적인 운명을 결정짓는 데 어떻게 작용하는가를 알아보자. 우주의 시작과 종말은 서로 깊이 뒤얽혀 있다.

4 별의 최후

캐나다의 천문학자인 이언 셸턴(Ian Shelton)은 1987년 2월 23~24일 밤, 칠레 안데스 산맥 고원의 라스 캄파나스 관측소에서 일하고 있었다. 야간 근무 보조 연구원이 잠시 밖으로 나가 깜깜한 밤하늘을 무심히 응시했다. 밤하늘의 광경에 익숙한 그는 문득 무엇인가 이상한 게 있음을 깨달았다. 마젤란 성운으로 알려진 성운 조각 외곽에 별이 있었다. 그 별은 특별히 밝은 것은 아니었다. 오리온자리의 세 별들과 거의 같은 밝기였다. 중요한 점은 그 별이 전날에는 없었다는 사실이었다.

그 보조 연구원은 즉시 셸턴에게 알렸으며, 몇 시간 안에 그 소식은 전 세계로 급히 전파되었다. 셸턴과 칠레 출신 보조 연구원은 초신성(超新星, supernova)을 발견한 것이었다. 요하네스 케플러(Johannes Kepler)가 1604년 초신성에 대한 기록을 남긴 이후 육안으로 볼 수 있었던 최초의 초신성이었다. 여러 나라의 천문학자들은 곧바로 마젤란 성운에다 장치를 맞추고 관측하기 시작했다. 몇 달 동안 초신성 1987A의 활동 양상은 아주 세밀하게, 그리고 엄밀하게 조사되었다.

셸턴이 이 대단한 발견을 하기 몇 시간 전, 또 하나의 진기한 사건이 전혀 다른 장소인 일본의 깊숙한 지하, 가미오카 아연 광산에서 기록되고 있었다. 그곳에서 야심만만한 물리학자들이 오랫동안 실험을 하고 있었다. 그들의 목표는 물질의 가장 기본적 구성 요소의 하나인 양성자의 안정성을 검증하는 일이었다.

1970년대에 개발된 통일장 이론은 양성자들도 아주 드물게 방사성 붕괴할 수도 있다는 예측을 내놓다. 그 색다른 방사성 붕괴는 양성자가 가진 아주 미세한 불안정성 때문에 일어난다고 주장했다. 만약 그런 붕괴가 일어난다면 그것은, 다음 장들에서 살펴보겠지만, 우주의 운명과 아주 밀접한 관계를 갖는 것이다.

양성자 붕괴를 검증하기 위해 일본의 실험 과학자들은 2,000톤의 순수한 물로 물탱크를 채우고 극히 민감하게 반응하는 양성자 검출기를 주위에 설치했다. 물 분자를 구성하는 수소의 원자핵, 즉 양성자의 붕괴에서 발생하는 초고속 부산물의 비밀을 밝혀줄 복사선을 기록하기 위해서였다. 외부 영향을 줄이기 위해서 실험 장소는 지하 깊은 곳이 선정되었다. 그러지 않으면 검출기는 엉터리 결과들의 소용돌이에 휩싸이게 된다.

2월 22일 카미오카의 검출기들은 갑자기 11초 동안에 열한 번 이상의 감지 반응을 보였다. 그동안 지구의 다른 편인 오하이오 주의 암염 광산에 설치된 유사한 검출기는 여덟 번의 사건을 기록하고 있었다. 19개의 양성자가 동시에 스스로 붕괴한다는 것은 생각할 수 없는 일이기 때문에, 이 사건을 이해하는 데에는 새로운 해석이 필요했다. 물리학자들은 곧바로 새로운 해석을 찾아냈다. 그들의 장치는 그들이 기대했던 것과는 다른 양성자의 붕괴를 기록한 것이었다. 그것은 중성미자(中性微子, neutrino)의 충돌에 의한 양성자 붕괴였다. 중성미자들은 나의 이야기에서 핵심적인 역할을 하는 아원자 입자이다. 따라서 중성미자들을 보다 상세히 검토해 볼 필요가 있다.

β붕괴가 일어나면 중성자는 양성자와 전자로 붕괴한다. 비교적 가벼운 입자인 전자는 상당한 에너지를 갖고 날아간다. 문제는

붕괴가 일어날 때마다 전자의 에너지가 달라지는 것처럼 보인다는 점이다. 전체 에너지가 모든 경우에 있어서 똑같기 때문에, 마치 최종 에너지는 원래의 에너지와 다른 것처럼 보인다.

이런 일은 있을 수 없다. 에너지가 보존된다는 사실은 기초적인 물리 법칙이기 때문이다. 따라서 볼프강 파울리는 우리가 아직 모르는 입자가 있고 그 입자가 그 차이만큼의 에너지를 가진다고 주장했다.

이 입자를 검출하려는 초기 시도는 실패했다. 이 입자가 존재한다면 믿을 수 없을 정도의 투과력을 가졌음에 틀림없었다. 전하를 띤 입자는 쉽게 포획할 수 있으므로, 파울리의 입자는 전기적으로 중성이라야 했다. 그래서 '중성미자'라는 이름이 붙었다.

당시에는 어느 누구도 실제로 중성미자를 탐지하지 못했지만, 이론 물리학자들은 중성미자의 여러 성질을 파악할 수 있었다. 이 성질들 중의 하나는 중성미자의 질량에 관한 것이다.

질량 개념은 빨리 움직이는 입자에서는 미묘해진다. 물체의 질량은 정해진 양이 아니라 물체의 속력에 의존하기 때문이다(아인슈타인의 특수 상대성 이론 참고). 1킬로그램의 납으로 된 공이 초속 26만 킬로미터로 움직이면 그 질량이 2킬로그램이 된다. 여기서 중요한 요소는 빛의 속력이다. 물체의 속력이 빛의 속력에 가까워지면 가까워질수록 질량이 더욱 커진다. 그리고 그 질량의 증가에는 한계가 없다.

질량이 이와 같이 변할 수 있기 때문에, 물리학자들은 혼란을 피하기 위해서 아원자 입자들의 질량을 말할 때 정지 질량을 인용한다. 입자가 빛의 속력에 가까운 속도로 움직이면, 실제 질량은 정지 질량의 몇배가 된다. 거대한 입자 가속기 내부에서 회전 운동을 하는 전자와 양성자는 각기 정지 질량의 수천 배의 질량을 갖는다.

중성미자가 갖는 정지 질량 값의 실마리는 β 붕괴 사건이 때때로 대개 이용 가능한 모든 에너지를 갖는 전자를 방출하여 중성미자가 가질 에너지를 거의 남기지 않는 사실에서 찾을 수 있다. 이 사실은 중성미자들이 필연적으로 에너지 0의 상태로 존재할 수 있음을 의미한다. 그런데 아인슈타인의 유명한 공식 $E=mc^2$에 따르면, 에너지 E는 정지질량 m과 동등한 양으로 에너지 0은 정지질량이 0임을 의미한다.

이 사실은 중성미자가 매우 작은, 어쩌면 0의 정지질량을 가진 것을 의미한다. 정지질량이 진짜 0이라면 중성미자는 빛의 속력으로 달릴 것이다. 어느 경우이든 중성미자는 빛의 속력에 매우 가까운 속도로 여행하는 것으로 밝혀질 것 같다.

더욱 중요한 성질은 아원자 입자들의 스핀(spin, 회전체가 갖는 각운동 모멘트와 동등한 소립자의 자기 모멘트)에 관한 것이다. 중성자, 양성자, 전자는 모두 스핀을 하는 것으로 밝혀졌다. 각 입자의 스핀 값은 어떤 고정된 값을 갖는다. 사실 세 입자들의 스핀 값은 똑같다. 스핀이라는 성질에는 각운동량과 같은 형태—각운동량 보존 법칙—로 에너지 보존 법칙과 같은 기초적인 보존 법칙이 적용된다. 중성자가 붕괴할 때, 중성자의 스핀은 붕괴로 생성된 입자들의 스핀으로 보존되어야 한다. 전자와 양성자가 동일한 방향으로 스핀을 하면, 그것들을 합한 스핀 값이 중성자 스핀의 2배가 된다. 다른 한편, 전자와 양성자가 반대 방향으로 회전한다면 전체 스핀은 상쇄되어 0이 된다. 어떤 방법이든, 전자와 양성자의 스핀만으로는 중성자의 스핀 값을 보존할 수가 없다.

따라서 중성미자가 다른 입자들과 똑같은 크기의 스핀을 가진다고 인정하면 보존 법칙을 만족시킬 수 있다고 기술한 책들이 나오게 되었었다. 붕괴로 생성된 3개의 입자들 중 2개가 같은 방향의 스핀 값을 갖고, 나머지 1개가 반대 방향의 스핀 값을 가지면 중성자의 원래 스핀 값이 보존된다.

중성미자를 검출하지 못했다고 하더라도, 물리학자들은 이러한 이론적인 추론을 통해 중성미자는 전하를 가지고, 전자와 동일한 스핀을 가지며, 질량이 거의 없든가 0이고, 지나온 자취를 거의 남기지 않으며, 일반 물질과 약한 상호 작용을 하는 입자임에 틀림없다는 추론을 할 수 있었다. 간단히 말해 그것은 스핀을 갖는 일종의 유령과 같은 입자였다.

놀랍지 않을지 모르겠으나, 파울리가 중성미자의 존재를 추측한 이래로 실험적으로 분명히 확인되기까지는 20여 년이 걸렸다. 핵반응로에서 많은 양의 중성미자가 만들어지게 되자, 좀체 모습을 보이지 않던 중성미자가 드물게나마 검출되기 시작했다.

초신성 1987A의 출현과 동시에 가미오카 아연 광산에서 중성미자가 검출된 사건은 단순한 우연의 일치가 아니었다. 과학자들은 이 사건을 초신성 이론의 결정적인 증거라고 생각했다. 한 다발의 중성미자는 천문학자들이 오랫동안 초신성에서 나올 것이라고 예상해 왔던 바로 그것이었다.

'노바(nova, 신성—옮긴이)'라는 단어는 라틴 어로 '새로운'이란 뜻이지만, 초신성 1987A는 새로 탄생한 별이 아니다. 실제로 초신성은 환상적인 폭발을 통한 노쇠한 별의 죽음이다. 초신성이 나타난 대마젤란 성운은 17만 광년이나 떨어진 곳에 위치한 소형 은하이다. 이 은하는 우리 은하에 근접해 있는 일종의 위성 은하이다. 남반구에서는 이 은하의 희미한 빛 조각을 육안으로도 볼 수 있지만, 하나하나의 별을 보려면 큰 망원경이 필요하다.

셸턴의 발견이 있은 지 몇 시간 만에, 오스트레일리아의 천문학자들은 마젤란 성운에 있는 수십억 개의 별 중에서 어느 별이 폭발했는지를 찾아낼 수 있었다. 그들은 사전에 찍은 그쪽 지역 하늘 사진을 조사하여 큰 업적을 달성할 수 있었다. 폭발한 별은 B3형 청색 초거성으로 지름이 태양 지름의 약 40배나 되었다. 산둘리크(Sanduleak)-69202라는 이름까지 있는 별이었다.

별들이 폭발할 수 있다는 이론은 1950년대 중반 천체물리학자 프레드 호일(Fred Hoyle), 윌리엄 파울러(William Fowler), 버비지 부부(Geoffrey and Margaret Burbidge)에 의해 처음으로 탐구되었다. 어떻게 별이 그와 같은 격변을 겪게 되는가를 이해하기 위해서는 내부 작용을 이해할 필요가 있다. 가장 익숙한 별은 태양이다. 대다수의 별들과 같이 태양은 변화가 없는 것 같아 보인다. 하지만 이것은 파괴력과 끊임없는 투쟁을 하고 있는 실상을 감추고 있다.

모든 별들은 중력에 의해 뭉쳐 있는 기체의 공이다. 중력이 별에 작용하는 유일한 힘이라면, 별들은 자신의 거대한 무게에 짓눌려 즉각 폭발할 것이고, 수 시간 내에 사라져 버릴 것이다. 별들이 폭발하지 않는 이유는, 안쪽으로 무너져 내리게 만드는 중력과 별 내부에서 방출된 기체의 압력이 균형을 이루기 때문이다.

기체의 압력과 온도 사이의 관계는 간단하다. 일정 부피의 기체가 가열되면 압력은 온도에 비례해 보통 증가한다. 반대로 온도가 내려가면 압력도 떨어진다. 별의 내부는 수백만 도에 이르는 열 때문에 엄청난 압력이 발생한다. 열은 핵반응에서 생긴다. 별의 수명 중 대부분의 기간 동안 별에 열을 공급하는 것은 수소가 헬륨으로 전환되는 핵융합 반응이다. 이 반응은 핵 사이에 작용하는 전기적 반발력을 극복하기 위해 매우 높은 온도를 필요로 한다.

핵융합 에너지는 별을 수십억 년 동안 지탱시킬 수 있지만, 곧 연료가 줄어들어 반응로는 멈칫거린다. 이렇게 압력이 약해지면 별은 중력과의 오랜 싸움으로 쇠약해지기 시작한다. 필연적으로 시한부 생명을 가진 별은 비축된 연료를 총동원함으로써 중력 붕괴를 간신히 모면한다. 그러나 별의 표면에서 우주의 광활한 공간으로 흘러나가는 모든 에너지는 별의 종말을 재촉한다.

태양은 핵융합이 시작된 후 100억 년 정도 수소를 태울 수 있을 것으로 평가된다. 이제 약 50억 살 정도 된 태양은 비축된 연료의 절반 정도를 연소시킨 상태이다(아직 깜짝 놀랄 필요는 없다.). 별이 핵연료를 소모하는 비율은 질량에 민감하게 의존한다. 따라서 무거운 별들은 훨씬 빨리 연소한다. 그래야만 한다. 더 크고 밝은 별은 더 많은 에너지를 방사하기 때문이다. 여분의 무게가 기체를 더 높은 밀도와 온도로 압축해 핵융합 반응률을 증가시킨다. 태양의 10배 정도의 질량을 가진 별은 1000만 년 안에 수소의 대부분을 연소시킨다.

질량이 매우 큰 별의 운명을 살펴보자. 대다수의 별들은 주로 수소 성분을 갖고 태어난다. 수소 '연소'는 수소 원자핵의 융합으로 이루어지며(수소의 원자핵은 하나의 양성자를 갖는다.) 2개의 양성자와 2개의 중성자를 갖는 헬륨 원소의 원자핵을 형성한다(상세한 과정은 복잡하여 여기서 언급할 필요가 없다.). 수소 '연소'는 핵에너지의 가장 효율적인 자원이지만, 수소가 유일한 연료는 아니다. 핵의 온도가 충분히 높다면 헬륨 원자핵이 융합되어 탄소를 형성한다. 그리고 융합 반응이 더욱 진행되면 산소, 네온, 그리고 다른 원소들을 형성한다.

질량이 큰 별은 필요한 내부 온도(10억 도에 가까운)를 만들어 냄으로써 연쇄 핵반응이 계속되게 만든다. 결국 중간 생성물은 꾸준히 줄어든다. 새로운 원소의 형성과 함께 방출되는 에너지가 줄어든다. 연료가 점점 더 빨리 연소됨에 따라 별의 구성 성분은 매월, 매일, 매시간 변화한다. 별의 내부는 양파를 닮았다. 연속적으로 화학 원소들이 보다 열광적인 반응 속도로 합성되며 층을 형성한다. 별은 바깥쪽으로 부풀어 오르고 결국 태양계 전체보다 더욱 커진다. 종국에는 천문학자들이 적색 초거성이라고 부르는 별이 되어 간다.

연쇄적인 핵 연소 끝에는 철의 연소가 남는데, 철은 특별히 안정된 핵 구조를 가졌다. 핵융합을 통해 철보다 무거운 원소들의 합성하다 보면 실제로 방출되는 에너지의 양보다 소요되는 에너지의 양이 더 커진다. 따라서 별이 철로 된 핵을 만들게 되면 종말을 맞게 된다. 별의 중심부가 열에너지를 더 이상 발생하지 않게 되면 중력이 치명적으로 작용할 가능성이 높아진다. 별은 엄청난 불안정성의 벼랑에서 흔들리다가, 마침내는 자신의 중력 구덩이로 와르르 와해된다.

그 순간을 좀 더 자세히 살펴보자. 철로 이루어진 별의 중심핵은 더 이상 핵융합을 통해 열을 만들어 낼 수 없으므로 스스로의 중력을 지탱할 수 없다. 별은 중력의 작용으로 강한 수축을 일으키고 그 안의 원자들은 으깨진다. 마침내 별의 중심핵은 원자핵만 해지고 골무만 한 크기에 거의 1조 톤의 물질이 응축될 것이다. 이 단계에서 짜부라진 별의 중심핵의 지름은 전형적으로 200킬로미터 정도 된다. 응축된 핵 물질이 다시 반응을 일으켜 부풀어 오른다. 중력의 인력이 너무나 강하여 이 힘찬 반동 작용은 1,000분의 몇 초밖에 걸리지 않는다.

별의 중심에서 드라마가 펼쳐지면서, 물질로 둘러싸인 별의 여러 층들이 갑자기 재난을 초래하는 격동으로 인해 중심핵으로 붕괴한다. 물질 수조 톤이 수조 톤 위로 초속 수만 킬로미터의 속도로 떨어져 다이아몬드 벽보다 훨씬 단단한 중심핵과 충돌한다. 이 충돌에 이어서 별 밖으로 거대한 충격파를 내보내는, 어마어마하게 격렬한 충돌이 뒤따라 일어난다.

충격파와 함께 별의 내부에서부터 갑자기 막대한 양의 중성미자 펄스가 방출된다. 이것은 별을 구성하고 있는 원자들의 전자와 양성자가 함께 찌그러지면서 중성자가 되는 핵종 변형에 수반되는 현상이다.

별의 중심핵은 곧바로 커다란 공 모양의 중성자가 된다. 충격파와 중성미자들이 별의 외곽층을 뚫고 방대한 양의 에너지를 외부로 운반한다. 별의 외곽층들은 이 에너지의 많은 양을 흡수하여, 상상할 수 없을 정도로 격렬한 원자핵들의 연소를 가져오는 대폭발을 일으킨다. 별은 며칠간 태양의 수백억 배에 이르는 밝기로 빛나다가, 몇 주일이 지나면 어둠 속으로 사라져 간다.

은하수 은하(우리 은하)와 같은 전형적인 은하에서 초신성은 100년에 두세 번 나타난다. 놀란 천문학자들의 관측 기록이 역사적으로 남아 있다. 가장 유명한 것 중의 하나가 1054년 중국과 아랍의 관측자들이 기록한 게자리 초신성이다. 이 부서지고 흩어진 별이 팽창해 오늘날 다 흩어진 구름 모양을 하고 있는 것이 바로 게성운이다.

초신성 1987A의 폭발은 보이지 않는 중성미자의 섬광을 확인시켜 주었다. 엄청나게 강한 중성미자 펄스가 발생했다. 폭발 현장에서 17만 광년이나 떨어진 지구의 1제곱센티미터당 1000억 개의 중성미자가 관통해 지나갔다. 지구상의 생물들은 다행히도 다른 은하로부터 날아온 수조 개의 입자가 순간적으로 관통해 지나간 사실을 의식하지 못했다. 그러나 카미오카와 오하이오의 양성자 검출 장치는 이것들 중 19개를 붙잡았다. 이 실험 장치들이 없었다면 1054년과 마찬가지로 우리는 중성미자들이 관통했다는 것을 알아내지 못했을 것이다.

초신성은 별의 죽음을 뜻하지만, 폭발은 별에 대한 창조적인 측면도 갖는다. 방출된 막대한 에너지가 별의 바깥층들을 매우 효과적으로 가열해 순간적으로 핵융합 반응을 가능케 한다. 이 핵융합 반응은 에너지를 방출하는 것이 아니라 흡수한다.

금, 납, 우라늄과 같은 철보다 무거운 원소들이 마지막 순간 가장 강렬한 별의 화덕에서 형성된다. 앞 단계의 핵 합성에서 만들어진 탄소와 산소 같은 가벼운 원소들과 함께 이 무거운 원소들은 우주 공간으로 쏟아지며 수없이 많은 다른 초신성의 잔해들과 뒤섞인다. 끝없이 계속되는 세월 동안 이 무거운 원소들이 뭉쳐 새로운 세대의 별이나 행성이 생긴다. 이러한 원소들의 제조나 분열이 없었다면 지구와 같은 행성은 존재하지 못했을 것이다.

생명을 낳는 탄소나 산소, 은행 금고의 금괴, 지붕 위의 양철판, 원자로의 우라늄 연료봉 등 모든 것들이 지구상에 존재하게 된 것은 태양이 존재하기 전 사라져 간 별들이 죽으며 치른 산고(産苦)의 결과이다. 우리 몸을 구성하고 있는 물질 역시 오래전에 죽은 별의 잔해라는 생각은 정말 매력적이다.

초신성 폭발로 별이 완전히 파괴되지는 않는다. 대부분의 물질이 이 격변으로 흩어지지만, 일련의 사건을 야기한 폭발의 핵은 그대로 남는다. 하지만 남은 핵의 운명은 위태롭고 불안정하다. 핵의 질량이 아주 작으면, 즉 태양 정도의 질량이면 소도시만 한 중성자 공을 형성한다.

대다수 중성자별이 그렇듯이 이 '중성자별'은 초당 1,000회 정도, 즉 표면의 속도가 빛의 속도의 10분의 1 정도 되는 무서운 속도로 자전을 할 것이다. 폭발 때문에 원래 별의 비교적 느린 회전 속도가 엄청나게 빨라져 이와 같이 현기증 나는 회전을 하게 된 것이다.

이 현상은 피겨 스케이팅 선수가 팔을 움츠릴 때 회전이 빨라지는 것과 똑같은 원리에 따라 일어난다. 천문학자들은 그렇게 빨리 회전하는 중성자별들을 많이 찾아냈다. 그러나 물체가 에너지를 잃어 감에 따라 회전 속도가 서서히 느려진다. 게성운의 중심부에 있는 중성자별은 1초당 33회 자전한다.

핵의 질량이 좀 더 크면, 즉 태양 질량의 여러 배가 되면 중성자별로 정착할 수가 없다. 중력이 너무 커서 가장 단단한 물질로 알려진 중성자 같은 핵자마저도 더 이상의 압축력을 견뎌 낼 수가 없다. 이 단계에서는 초신성보다 더 가공할 대격변이 일어나게 된다. 별의 핵은 붕괴를 계속하며, 1,000분의 1초보다 짧은 시간 안에 블랙홀이 되어 암흑 속으로 사라져 버린다.

무거운 별은 숨을 거두면서 자기를 구성하던 물질들을 작은 조각으로 날려 보내고, 퍼져 나가는 기체 중심부에 중성자별이나 블랙홀로 잔해를 남긴다. 얼마나 많은 별들이 이와 같은 방식으로 사라졌는지를 아는 사람은 아무도 없지만, 은하수에만도 이러한 별들의 시체가 10억 개 이상 있다.

나는 어릴 때 태양이 폭발해 버릴지도 모른다는 두려움을 갖고 있었다. 하지만 태양이 초신성이 될 위험성은 전혀 없다. 태양은 초신성이 되기에는 너무나 작다. 태양 같은 별들은 전체적으로 질량이 무거운 별들에 비해 훨씬 덜 격렬한 인생을 살아간다. 그것은 첫째, 연료를 소모하는 핵반응이 보다 조용히 진행되기 때문이다. 사실 별들 중 가장 작은 질량을 갖는 왜성은 1조 년 이상 꾸준히 빛을 낼 수 있다. 둘째, 태양 같은 별은 내부 온도가 철을 합성할 수 있을 정도의 고온이 되지 못하기 때문이다. 따라서 격렬한 폭발이 일어날 수 없다.

태양은 질량이 매우 작은 대표적인 별로, 수소 연료를 꾸준히 연소시켜 내부를 헬륨으로 전환시키고 있다. 헬륨의 대부분은 중심핵에 분포하는데 핵반응이 일어나지 않는다.

핵융합은 중심핵의 표면에서 일어난다. 그러므로 중심의 핵 자체는 아무런 기여를 할 수가 없다. 붕괴를 방지하기 위해서 태양은 스스로의 핵반응을 외부로 확장해 신선한 수소 연료를 찾아야 한다. 그동안 헬륨으로 구성된 중심핵은 서서히 줄어든다.

무궁한 세월이 흘러감에 따라 태양의 외모는 이 같은 내부의 변화에 따라 변화를 겪게 된다. 태양은 크게 부풀어 올라 표면은 다소 냉각될 것이며, 붉은빛으로 변해 갈 것이다. 이와 같은 경향은 태양이 아마도 크기가 지금의 500배 정도인 적색 거성(red giant star)이 될 때까지 계속될 것이다. 적색 거성은 천문학자들에게 잘 알려진 별로 알데바란(황소자리의 일등성—옮긴이), 베텔게우스(오리온자리의 알파성—옮긴이), 아르크투루스(목동자리에서 가장 밝은 별—옮긴이) 등이 있는데, 대개 밤하늘에 밝게 빛나는 잘 알려진 별들이 적색 거성의 범주에 속한다. 적색 거성 상태는 질량이 작은 별의 종말이 시작됨을 나타낸다.

비록 적색 거성이 상대적으로 차갑지만, 넓게 퍼진 표면에서 방출되는 많은 양의 빛이 휘황찬란한 광채를 만들어 낸다. 약 40억 년 후에 태양계의 행성들은 쏟아지는 열과 빛의 다발 속에 휩싸여 어려움에 직면할 것이다.

지구는 이 지경에 이르기 오래전에 이미, 바다의 물은 전부 끓어 증발하고 대기는 없어져 생물이 모두 사라진 상태가 될 것이다. 태양이 점점 팽창함에 따라 수성, 금성, 그리고 마침내 지구가 불길의 소용돌이에 휩싸이게 될 것이다. 우리의 행성 지구는 소각되어 조그만 잿덩이가 된 상태로도 집요하게 원래의 궤도를 따라 움직일 것이다. 태양의 붉은 기체의 밀도는 매우 낮아 거의 진공 상태에 가까워, 지구의 운동에 작용하는 항력은 매우 약할 것이다.

우주에서 우리 인류의 존재는 생명체가 진화하고 번식하기에 충분한 시간인 수십억 년 동안 거의 변화 없이 일정하게 타오르는 태양과 같은 별의 예외적인 안정성에 달려 있다. 그러나 이 안정성은 적색 거성 상태에서 종말을 맞게 된다.

태양과 같은 별은 이제 운동과 모양이 비교적 갑자기 변하는, 복잡하고 발작적이고 격렬한 단계를 맞이 하게 된다. 쇠잔해 가는 별들은 수백 년 동안 펄스를 발생하거나 두꺼운 기체 껍질들을 벗어 버리기도 한다. 별의 중심핵을 이루는 헬륨이 핵융합 반응을 일으켜 탄소, 질소, 산소 등을 형성하면서 별이 더 오랫동안 지탱될 수 있는 중요한 에너지를 공급하기도 한다. 아니면 최외각층을 우주 공간으로 날려 보냄으로써, 별은 탄소와 산소로 구성된 핵만 남기고 종말을 맞을 수도 있다.

복잡한 활동기에 뒤따라 작거나 중간 정도의 질량을 가진 별들은 필연적으로 중력에 압도되어 수축한다. 이 수축은 별이 작은 행성만 해질 때까지 거침없이 계속되어, 천문학자들이 백색 왜성(white dwarf)이라고 부르는 물체가 된다. 백색 왜성들은 표면의 온도가 태양의 온도보다 훨씬 높음에도 불구하고, 너무 작기 때문에 아주 희미하게 빛난다. 망원경을 사용하지 않고는 어느 것도 지구에서 볼 수가 없다.

먼 미래에 백색 왜성이 될 별은 태양과 같은 밀도를 갖는다. 태양이 이 상태에 이르게 되면, 수십억 년 동안 뜨거운 상태로 남아 있을 것이다. 이 커다란 덩어리는 너무나 단단해 지금 알려진 어느 절연체보다도 효과적으로 내부의 열을 감쌀 것이다.

하지만 예비된 연료가 고갈되면 내부의 핵 용광로는 언젠가 영원히 문을 닫게 될 것이고, 더 이상 차가운 우주 공간으로 서서히 빠져나가는 열에너지를 공급할 수 없을 것이다.

한때 우리의 강력한 태양이었던 바로 그 왜성의 잔해가 차가워져 희미하게 빛나다가 마침내 최종 형상으로 귀착되어, 서서히 매우 단단한 결정체로 굳어질 것이다. 그리고 궁극적으로는 우주 공간의 어둠 속으로 조용히 꺼져 들어 완전히 사라질 것이다.

5
황혼

은하수에는 1000억 개의 별이 빛을 발하고 있으며, 각각의 별들은 운명이 결정되어 있다. 100억 년 내에 지금 우리가 보고 있는 별들의 대부분은 열역학 제2법칙의 희생물이 되어 소멸될 것이다. 연료를 소진한 별들은 우리 시야에서 사라질 것이다.

그러나 별들이 죽어 가더라도 새로운 별들이 태어나 그 자리를 대체할 것이고, 은하수는 여전히 별빛을 발하며 반짝일 것이다. 우리 태양이 위치한 은하수의 나선팔 안에서는 압축된 가스 구름들이 중력 붕괴하고 있다. 이 과정을 통해 별들이 연속적으로 태어난다.

오리온자리를 살펴보면 그러한 별들의 출생 과정을 볼 수 있다. '오리온의 검(Orion's sword)' 가운데 보풀이 인 듯 빛나는 점은 별이 아니라 밝고 젊은 별이 점점이 박혀 있는 거대한 가스 구름인 성운이다. 가시광선 대신에 적외선으로 이 성운을 조사하던 천문학자들은 최근에 아직 흐릿한 가스와 먼지로 둘러싸여 있는, 형성의 초기 단계에 있는 별들을 얼핏 관찰하게 되었다.

우리 은하계의 나선팔에 가스가 충분히 있는 한, 별의 형성은 계속될 것이다. 은하 가스의 내용물 중 일부는 아직 제대로 굳지 않은 원시 물질이며, 일부 가스는 초신성 폭발, 별바람(stellar wind, 항성풍이라고도 한다.—옮긴이), 작고 갑작스러운 폭발 및 그 밖의 과정에서 방출된 것들이다. 분명한 것은 물질의 순환이 무한히 계속될 수는 없다는 사실이다. 노쇠한 별들이 죽고 붕괴해 백색 왜성, 중성자별, 블랙홀이 됨에 따라 가스의 공급원은 조금씩 사라져 간다. 별의 형성은 원시 물질들이 서서히 별들로 뭉치는 과정이 완전히 끝날 때까지 계속될 것이다.

이렇게 뒤늦게 형성된 별들이 일생의 순환 주기에 따라 죽어가면 은하는 무참히 빛을 잃어 희미해져 갈 것이며, 이 소멸 과정은 오랫동안 지속될 것이다. 가장 작고 젊은 별들이 핵 연소를 끝내고 백색 왜성으로 축소되는 데에는 수십억 년이 걸릴 것이다. 그러나 괴로운 종말의 밤은 서서히, 그리고 반드시 찾아올 것이다.

이와 유사한 운명이 넓디넓은 우주 공간에 흩어져 있는 모든 은하계에도 다가오고 있다. 현재 핵반응의 풍성한 에너지로 빛을 발하는 우주는 이 귀중한 자원을 궁극에 가서는 다 써 버릴 것이고, 빛의 시대는 영원히 끝날 것이다.

우주의 빛이 사라진다고 해서 우주의 종말이 오는 것은 아니다. 핵반응보다 훨씬 더 강력한 또 다른 에너지원이 있다. 원자의 세계에서는 가장 약한 힘인 중력은 천문학적 규모에서는 가장 지배적인 힘이다. 중력의 효과는 비교적 완만하지만 언제나 작용한다. 별들은 수십억 년 동안 스스로의 무게에도 불구하고 핵 연소에 의해 빛났다. 그러나 그 긴 시간 동안 중력은 스스로의 역할을 드러낼 시기를 기다려 왔다.

원자핵을 이루고 있는 두 양성자 사이의 중력은 강력의 10조분의 1의 1조분의 1의 1조분의 1(10^{-37}) 정도로 미약하다. 그러나 중력은 누적적인 힘이다. 별의 모든 양성자가 모여 만들어 내는 중력은 엄청나다. 결국 중력은 다른 모든 힘을 압도한다. 이 압도적이고 무한정한 힘은 우주의 변동을 좌우한다.

블랙홀보다 중력의 힘을 잘 보여 주는 물체는 없다. 여기서 중력은 완전히 압도적으로 별을 무(無)로 압착시키고, 시간의 화살을 무한정 잡아 늘여 주위의 시공간에 흔적을 남긴다.

블랙홀에 관한 사고 실험(thought experiment, 머릿속으로 실험 과정을 그려 보고 이해하는 실험—옮긴이)을 한 가지 생각해 보자. 무게가 100그램인 작은 추가 먼 곳에서 블랙홀로 떨어지는 경우를 상상해 보자. 추는 블랙홀로 빠져들어 보이지 않게 되고 돌이킬 수 없이 사라질 것이다. 하지만 추는 블랙홀의 크기를 약간 키움으로써 자신이 세상에 존재했다는 흔적을 남긴다.

계산에 따르면, 멀리 떨어진 곳에서 날아온 공이 블랙홀로 빠지면 딱 그 질량만큼 블랙홀의 질량이 증가한다고 한다. 이 과정에서 에너지나 질량의 누출은 없다.

이제 다른 실험을 생각해 보자. 추가 천천히 블랙홀로 빠져드는 경우이다. 이 실험은 추에 줄을 매고 도르래를 이용해 드럼통에 매달아 줄이 감기지 않게 함으로써 가능하다 그림 6.

줄은 늘어나지 않으며 질량도 없는 가상적인 것이다. 그러나 이렇게 함으로써 복잡한 논의를 피할 수 있다. 추가 내려짐에 따라 에너지가 전달된다. 예를 들면 드럼에 부착된 발전기를 돌릴 수 있다. 추가 블랙홀 표면으로 가까이 가면 갈수록 추를 잡아당기는 블

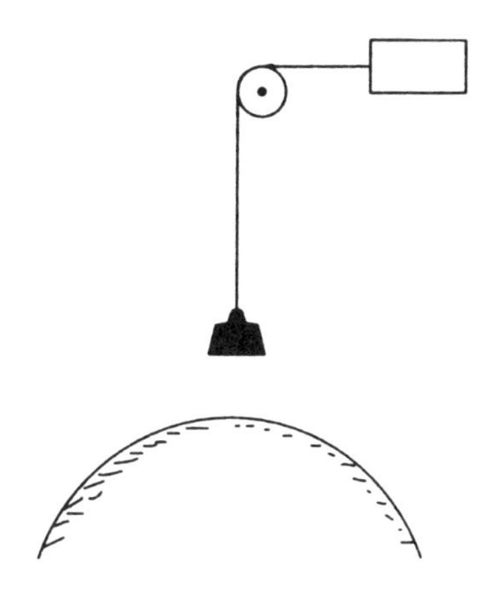

그림 6
이 이상적인 사고 실험에서, 추가 고정용 도르래를 이용한(고정 장치는 보이지 않는다) 줄에 매달려 블랙홀의 표면을 향해 서서히 내려진다. 그 결과로 내려지는 추가 일을 수행하여 상자에 에너지를 전달한다. 추가 블랙홀의 표면에 가까이 접근함에 따라 전달된 전체 에너지가 추의 전체 정지질량 에너지에 이르게 된다.

랙홀의 중력은 더욱 커질 것이다. 아래쪽으로 향하는 힘이 증가하면, 추는 발전기에 더욱 많은 일을 하게 된다.

간단한 계산을 통해 추가 블랙홀의 표면에 다다랐을 때 발전기에 얼마만큼의 에너지를 전달했는지를 알 수 있다. 이상적인 경우에, 해답은 추의 전체 정지질량 에너지로 드러날 것이다(정지질량의 개념은 3장에서 설명했다.).

아인슈타인의 유명한 공식인 $E=mc^2$을 기억하자. 이 공식은 질량 m이 mc^2의 에너지를 갖고 있음을 말한다. 블랙홀을 이용해 원리적으로 그만큼의 에너지를 얻을 수 있다. 100그램의 추는 그만 한 몫, 즉 30억 킬로와트시간(kwh, 1킬로와트의 일률로 1시간 동안 한 일의 양을 의미한다. 즉 1킬로와트짜리 에어컨을 1시간 동안 계속 가동할 때 소모되는 에너지이다. 30억 킬로와트시간의 에너지로는 이 에어컨을 잠시도 쉬지 않고 34만 2466년 동안 켜 놓을 수 있다. —옮긴이)의 에너지를 의미한다. 비교를 위해 다음과 같은 예를 생각해 보자.

태양에서 핵융합으로 100그램의 연료가 연소될 때, 이 값의 1퍼센트 정도의 에너지가 발생한다. 원칙적으로 중력 에너지 방출은 핵융합보다 약 100배 정도 강력하다.

물론 여기서 설명된 두 가지 방안은 모두 비현실적이다. 물체들이 계속해서 블랙홀로 빨려드는 것은 의심의 여지가 없다. 그러나 에너지를 추출한답시고 도르래에 매달려 서서히 빨려드는 경우는 결코 없다. 실제로는 정지질량 에너지의 0퍼센트와 100퍼센트 사이의 어느 값을 가질 것이다. 실제 비율은 물리적 상황에 달려 있다.

지난 20여 년간 천체물리학자들은 블랙홀로 소용돌이쳐 들어가는 가스의 운동을 이해하고 방출되는 에너지의 양과 패턴을 평가하기 위해 컴퓨터 모의 계산과 다른 수학적 모델들을 이용해 폭넓게 연구해 왔다. 관계된 물리적 과정이 매우 복잡함에도 불구하고, 그러한 계에서 엄청난 양의 중력 에너지가 쏟아져 나오리란 사실은 명백하다.

백문이 불여일견이다. 수천 번 계산해 봐야 단 한 번의 관찰만 못하다. 천문학자들은 물질을 삼키는 과정에 있는 블랙홀일지도 모르는 물체를 찾으려는 강도 높은 연구를 수행해 왔다.

아직까지도 완전히 확실한 블랙홀의 후보를 찾지는 못했지만, 백조자리 X-1이라고 명명된 아주 유망한 항성계가 있다.

이 항성계를 광학 망원경으로 보면 청색 거성(blue giant)으로 알려진 일종의 커다란 고온의 별을 볼 수 있다. 스펙트럼 분석을 통해 이 푸른 별이 혼자가 아님을 알 수 있다. 이 별은 리드미컬한 흔들림을 보이는데, 이 현상은 그 별 근처에 물체가 있고 그 물체의 중력이 주기적으로 영향을 미친다는 것을 뜻한다. 확실히 이 별과 또 하나의 물체는 서로를 회전하는 닫힌 궤도를 운행한다. 하지만 광학 망원경으로는 짝을 이룬 물체를 볼 수 없다. 그것은 검은 물체이거나 아주 희미하고 조그만 별일 것이다. 이 사실이 블랙홀의 존재를 시사하지만, 결코 증명이 될 수는 없다.

검은 물체의 질량을 계산해 봄으로써 진일보한 실마리를 찾을 수 있다. 청색 거성의 질량—별의 질량과 색깔의 밀접한 관계, 즉 푸른 별들은 고온이며, 질량이 크다는 사실에서 별의 질량을 계산할 수 있다.—을 알 수만 있다면, 검은 물체의 질량은 뉴턴의 법칙을 이용해 추산할 수 있다.

계산을 통해 짝을 이루는 보이지 않는 물체의 질량이 태양 질량의 몇 배에 해당함을 알 수 있다. 그 질량은 그 물체가 조그맣고 희미한, 정상적인 별이 아니라는 것을 분명하게 보여 준다. 따라서 그 물체는 백색 왜성, 중성자별, 또는 블랙홀임이 틀림없다. 그러나 이 작고 무거운 물체가 결코 백색 왜성이나 중성자별일 수 없는 기본적이고 물리적인 이유가 있다. 그것은 물체를 짜부라뜨리는 강력한 중력장에 관한 문제이다.

블랙홀로의 완전한 붕괴는 중력을 상쇄할 만큼 강한, 일종의 내부 압력이 존재할 때만 피할 수 있다. 그러나 붕괴된 물체가 태양 질량의 몇 배가 되면, 우리가 알고 있는 그 어떤 힘도 물질을 짜부라뜨리는 중력에 저항할 수 없다.

사실 별의 중심핵이 딱딱해 중력으로 인한 수축을 피할 수 있을 정도라면 중력 붕괴 시 발생한 충격파는 광속(光速)을 능가해야 한다. 이 사실이 특수 상대성 이론과 상충되기 때문에, 대부분의 물리학자들과 천문학자들은 질량이 이렇게 크면 블랙홀의 형성은 피할 수 없다고 믿는다.

백조자리 X-1이 블랙홀을 포함하고 있다는 결정적인 증거가 완전히 다른 관측 결과에서 나타났다. X-1이라고 지칭된 이유는 인공위성에 장치된 검출기를 통해 강력한 엑스선이 X-1에서 날아옴이 밝혀졌기 때문이다. 백조자리 X-1의 검은 동반 물체가 블랙홀일 것이라는 가정에 기초하여 이 엑스선을 확고하게 설명할 이론적 모델이 있다.

컴퓨터 계산을 통해 밝혀진 블랙홀의 중력장은 청색 거성에서 떨어져 있는 물질을 삼킬 수 있을 만큼 강력하다. 떨어져 나온 가스가 블랙홀을 향해 끌려간다. 어떻게 할 사이도 없이 항성계의 회전 궤도에 휩싸여 블랙홀 주위 소용돌이 물질에 섞여 들게 되고, 원반 모양을 형성한다.

이런 종류의 원반은 완전히 안정적일 수가 없다. 중심 가까이의 물질은 가장자리에 있는 물질보다 블랙홀의 둘레를 훨씬 빠른 속도로 회전한다. 점성력(粘性力)이 소용돌이 각 부분의 회전 속도를 연속적으로 변화시키기 때문이다. 결국 가스는 충분히 가열되어 빛뿐만 아니라 엑스선을 방출하게 된다. 이렇게 전자기파의 방출이라는 형태로 궤도 운동 에너지를 잃은 가스는 블랙홀을 향해 서서히 나선형을 그리며 빨려든다.

백조자리 X-1이 블랙홀이라는 증거는 상세한 관측과 이론적 모델에 기초한 상당히 길고 연속적인 논리에 근거한다. 이러한 논리 전개는 현대 천문학의 성격을 잘 보여 준다. 단, 한 가지 증거로는 확신할 수 없으며, 백조자리 X-1과 유사한 항성계들에 대한 다양한 연구는 블랙홀의 실존을 강력하게 시사한다. 확실히 블랙홀에 대한 설명은 깔끔하며 부자연스러운 점이 거의 없다.

더 환상적인 효과가 더 큰 블랙홀의 활동에서 예견된다. 오늘날 천문학자들은 많은 은하들이 그 중심에 매우 큰 질량(초질량)을 갖는 블랙홀을 포함하고 있다고 본다. 이것의 증거는 이 은하들의 중심핵 근처에 있는 별들이 보이는 빠른 운동이다. 별들은 인력이 강하고매우 단단한 물체에 끌리고 있음이 명백하다.

그것을 가능하게 하는 물체들의 질량을 계산해 보면 태양 질량의 1000만 배에서 10억 배에 이른다. 이 정도 질량이라면 그 물체는 주위를 떠돌아다니는 어떤 물질이라도 집어삼킬 수 있다. 별, 행성, 가스, 그리고 먼지는 아마도 모두 이 괴물의 희생물로 전락해 버리고 말 것이다. 때때로 합류 과정의 격렬함이 전체 은하 구조를 뒤흔들어 놓을 만큼 크다.

천문학자들은 활동적인 은하의 핵이 보이는 많은 다양한 활동에 익숙하다. 어떤 은하들은 문자 그대로 폭발하는 모습을 보여준다. 많은 은하들이 강력한 라디오파, 엑스선, 그리고 다른 형태의 에너지원이다. 가장 두드러진 것들은 그 길이가 수천 광년, 또는 수백만 광년에 달하는 엄청난 양의 가스를 분출하는 활동적인 은하들이다. 이 몇몇 물체에서 방출되는 에너지는 놀랍다.

아주 멀리 떨어져 있는 퀘이사(quasar, 별과 유사한 천체를 뜻하는 quasi-stellar object의 약어—옮긴이)들은 별처럼 생긴 지름 1광년 정도의 작은 영역으로부터 수천 개의 은하가 내뿜는 것에 맞먹는 에너지를 방출한다.

많은 천문학자들은 이 모든 물체들을 움직이는 원동력이, 인접한 물질을 삼켜 소화하고 있는 거대한 회전체인 블랙홀이라고 믿는다. 블랙홀에 접근하는 어떤 별이든 그 중력에 이끌려 부서져 나가거나 다른 별들과 충돌해 부서지기 쉽다. 백조자리 X-1의 경우와 같이, 아니 훨씬 더 큰 규모로 흩어져 있는 물질은 대개 블랙홀 둘레를 선회하는 고온 가스 원반을 형성하다가, 서서히 안쪽으로 빨려 들어간다.

1994년 5월 허블 우주 망원경을 통해 은하 M87의 중심에서 빠른 속도로 회전하는 가스 원반이 관측되었다. 이 관측 결과는 초질량을 갖는 블랙홀의 존재를 강하게 시사한다.

블랙홀로 흘러드는 가스 원반에서 방출된 많은 에너지가 그 회전축을 따라 흘러들어가, 종종 관찰된 반대 방향으로 뿜어지는 한 쌍의 분출을 일으킬 수 있는 것 같다. 이 에너지 방출의 메커니즘과 가스 분출의 형성은 중력은 물론이고 전자기력, 점성력, 그리고 다른 힘들이 관계되어 매우 복잡하다. 이 과제는 이론과 관측의 집중적인 연구 과제로 남아 있다.

은하수는 어떻게 이해할 수 있을까? 우리 은하가 이와 같은 방식으로 붕괴할 수 있을까? 우리 은하계의 중심은 3만 광년 떨어진 사수자리에 있다.

안쪽 부분이 거대한 가스 구름과 먼지로 흐릿하긴 하지만, 천문학자들은 라디오파 검출기, 엑스선 검출기, 감마선 검출기, 그리고 적외선 장비를 사용해 매우 단단하고 큰 에너지를 가진 물체인 궁수자리 A의 존재를 알아냈다.

수십억 킬로미터의 크기를 가진 궁수자리 A(천문학적 기준에서 보면 조그만)는 은하에서 가장 강력한 라디오파의 발생원이다. 그 위치는 매우 강력한 적외선 발생원과 일치하며, 또한 상당한 엑스선을 방출하는 물체와 인접한 곳이다. 상황이 복잡하기는 하지만, 적어도 질량이 큰 블랙홀이 그곳에 숨어 있다고 한다면 관측된 몇 가지 현상을 설명할 수 있다.

하지만 블랙홀의 질량이 아무리 크다고 해도 아마 태양 질량의 1000만 배는 넘지 않을 것이다. 다른 은하의 핵에서와 같이 에너지와 물질의 격렬한 방출이 일어나는 증거는 없다. 오늘날 블랙홀이 조용한 국면에 있기 때문인 듯하다. 아마도 막대한 가스 공급이 있으면 장차 어느 단계에서는 확 타오를 것이다. 하지만 알려진 다른 많은 계에서처럼 파괴적이지는 않을 것이다. 갑작스러운 타오름과 같은 현상의 영향이 은하의 나선팔에 위치한 별들과 행성들에 어떻게 나타날지는 분명하지 않다.

블랙홀은 가까이에 삼킬 물질이 있는 한 희생된 물질의 정지 질량 에너지를 계속해서 방출할 것이다. 시간이 흐름에 따라 블랙홀은 더욱더 많은 물질을 삼켜, 결과적으로 더욱 커진다. 물질을 잡아당기는 인력도 더욱 커진다. 질량이 큰 블랙홀에서 매우 멀리 떨어진 궤도를 회전하는 별들조차도 빨려들 것이다. 아직은 극히 미약하게 작용하지만, 결정적인 현상으로 작용하는 중력 복사로 알려진 현상에 의해 이런 일들이 일어난다.

아인슈타인은 1915년 일반 상대성 이론을 공식화한 직후 중력장의 놀랄 만한 성질을 발견했다. 상대성 이론의 장 방정식(the field equation) 연구로부터 빈 공간을 빛의 속도로 전파해 가는 파동과 같은 중력 복사의 존재를 예견할 수 있음을 알아냈다. 이 중력 복사는 빛이나 라디오파와 같은 전자기 복사를 떠올리게 한다. 하지만 중력 복사는 많은 에너지를 갖고 있지만, 물질을 교란하는 강도에 있어서 전자기 복사와는 다르다.

라디오파는 그물망 같은 미묘한 구조물에 의해 쉽게 흡수되나, 중력파는 매우 약하게 상호 작용해 거의 약화되지 않고 지구를 관통해 나갈 수 있다. 중력파 레이저를 제작할 경우, 1킬로와트의 전기 코일만큼 효과적으로 물을 끓이기 위해서는 1조 킬로와트의 중력파 레이저 빔을 필요로 한다.

중력 복사가 상대적으로 미약하다는 것은, 자연의 알려진 힘 중 가장 약한 중력이 다른 힘에 비해 훨씬 약하게 작용한다는 사실에 기인함을 알 수 있다. 원자에서 전기력에 대한 중력의 비는 약 10^{-40}이다.

하지만 우리가 중력 작용을 알 수 있는 유일한 까닭은 그 효과가 누적적이기 때문이다. 그리고 이것은 행성과 같은 큰 물체에서는 지배적인 작용력이 된다.

중력파는 효과면에서 극히 미약할 뿐만 아니라, 발생도 잘 알려지지 않은 게 사실이다. 원칙적으로 중력 복사는 질량 분포가 있을 때 발생한다. 예를 들어, 태양 주위를 공전하는 지구의 운동은 연속적으로 중력파를 방출하지만, 전체 일률이 몇 밀리와트(mw, 1,000분의 1와트)일 뿐이다. 이러한 에너지 유출은 지구 궤도의 붕괴를 야기하지만, 우스울 정도로 미약한 것이다. 지구 궤도의 반지름은 10년 동안에 1조분의 1의 1,000분의 1(10^{-15})센티미터 정도 줄어든다.

그러나 질량이 큰 천체가 빛의 속도에 가까운 속력으로 움직이면 상황은 극적으로 달라진다. 두 종류의 현상이 중요한 중력 복사 효과를 낳을 것으로 보인다. 한 가지 현상은 갑작스럽고 격렬한 사건 — 초신성 — 즉 블랙홀을 형성하는 별의 붕괴이다.

그러한 사건의 결과 짧은 펄스의 형태로 중력 복사의 방출이 일어난다. 펄스는 아마도 1,000분의 몇 초 동안만 지속되며, 전형적으로 10^{44}줄의 에너지를 수반할 것이다(이 에너지를 태양의 방출열과 비교해 보라. 태양은 1초당 3×10^{26}줄을 방출한다).

다른 현상은 상호 궤도상을 움직이는 질량이 큰 물체의 고속 운동이다. 예를 들어, 서로 가까이 있는 연성계는 연속적으로 큰 중력 복사 다발을 발생시킬 것이다. 이 과정은 연성계의 어느 한 별이 중성자별이나 블랙홀의 경우 특히 효과적이다. 독수리자리에는 서로 수백만 킬로미터밖에 떨어지지 않은, 공존 궤도를 선회하는 2개의 중성자별들이 있다. 그들의 중력장이 너무나 강해 각 궤도를 8시간에 한 번 정도 회전하는데, 이것은 빛의 속도에 근접한 속도이다.

이렇게 빠른 속도로 운동하면 중력파의 방출률이 크게 증폭되어, 매년 측정이 가능할 정도로 궤도가 붕괴한다(1주기에 약 75마이크로초(10^{-6}초)의 변화가 일어난다). 또한 중력파의 방출이 별의 나선 운동을 다시 가속시킨다. 독수리자리의 두 별은 결국 지금으로부터 300만 년 후에 하나로 합쳐질 것이다.

천문학자들은 이와 같은 이중 성계 합병이 은하에서 10만년에 한 번 정도 일어난다고 말한다. 물체들이 너무 단단하고 그들의 중력장이 너무 강력해, 합병되기 직전에는 1초에 수천 번 회전한다. 또한 중력파의 진동수가 특유의 신호를 발하며 날아간다.

아인슈타인의 공식은 중력파의 방출이 이 마지막 국면에서 막대하리라고 예측한다. 이때 궤도는 빠르게 붕괴한다. 별들의 모양은 상호 중력·인력에 의해 심하게 뒤틀릴 것이다. 따라서 서로 맞닿는 순간 두 별은 소용돌이치는 거대한 담배 연기 모양으로 변할 것이다. 결과적으로 합병이 일어나면 여러 가지 복잡한 일이 생긴다.

두 별이 합병하면 미친 듯이 날뛰는 복잡한 질량체가 된다. 온갖 진동 패턴으로 울리고 떨던 이 물체가 대략적인 구형(球形)으로 진정될 때까지 풍부한 중력파가 방출될 것이다. 이때 방출되는 중력파와 함께 물체의 에너지도 유출된다. 물체는 중력파를 어느 정도 방출하고 나면 점차 조용해져 마침내 활동을 멈추게 된다.

에너지 손실률이 비교적 낮지만, 중력파의 방출은 우주의 구조에 심대하고 장기적인 영향을 끼친다. 그러므로 과학자들이 관측으로 중력 복사에 관한 그들의 생각을 확인하려는 노력은 중요하다. 독수리자리의 중성자별 연성계에 대한 연구는 그 궤도가 아인슈타인의 이론이 예측한 비율로 정확히 붕괴되고 있음을 보여준다. 따라서 이 계는 중력 복사 방출에 대한 직접적인 증거를 제공한다.

하지만 결정적으로 검증하려면 지구상의 실험실에서 그러한 복사를 검출해야 한다. 많은 연구 그룹들이 한 다발의 중력파가 번개같이 지나가는 것을 감지할 수 있는 장비를 고안해 왔으나, 오늘날까지 어느 장치도 중력파를 검출할 만큼 민감하게 작동하지 않았다. 중력 복사의 존재를 완벽하게 확신할 수 있게 되려면 아마도 새로운 세대의 검출기가 출현될 때까지 기다려야 할 것 같다.

두 중성자별의 합병은 더 무거운 중성자별이나 블랙홀을 낳을 것이다. 중성자별과 블랙홀의 합병, 또는 2개의 블랙홀의 합병은 하나의 블랙홀이 될 것임이 틀림없다. 이 과정은 복잡하게 울리고 떨리는 운동이 중력파에 의한 에너지 손실을 통해 서서히 쇠진하는 중성자별 연성의 경우와 마찬가지로 중력파 방출을 통한 에너지 손실을 수반할 것이다.

두 블랙홀이 합병하는 동안 유출되는 중력 에너지의 이론적 한계를 조사해 보는 일은 흥미롭다. 이 과정에 대한 이론적 연구가 로저 펜로즈, 스티븐 호킹, 브랜던 카터(Brandon Carter), 레모 루피니(Remo Ruffini), 래리 스마르(Larry Smarr), 그 밖에 다른 사람들에 의해 1970년대 초반에 이루어졌다.

블랙홀들이 회전하지 않으며 동일한 질량을 가졌다면, 전체 정지질량 에너지의 약 29퍼센트가 방출될 수 있다. 블랙홀들이 어떤 방법으로든 진보한 기술로 조정될 수 있다면, 이 에너지 모두가 중력 복사 형태로 방출될 필요는 없다.

그러나 자연스러운 합병에서 방출된 대부분의 에너지는 이 같은 대수롭지 않은 형태를 띨 것이다. 블랙홀들이 물리학적으로 허용된(거의 빛의 속력과 가까운) 최대의 속력으로 회전하면서 합병되어, 그들의 회전축을 중심으로 반대 방향으로 회전하면 질량 에너지의 50퍼센트가 방출될 수 있다.

이 상당한 크기의 부분 에너지가 이론적 최댓값은 아니다. 블랙홀도 전하를 띨 수 있다. 대전(帶電)된 블랙홀은 중력장뿐 아니라 전기장도 형성해 에너지를 저장한다. 양전하를 갖는 블랙홀이 음전하를 갖는 블랙홀과 마주칠 때 '방전(discharge)'이 일어난다. 이 과정에서 중력 에너지는 물론 전자기 에너지도 방출한다.

주어진 질량을 갖는 블랙홀은 어떤 최댓값의 전하를 갖고 있기 때문에 이러한 방전에는 한계가 있다. 회전하지 않는 블랙홀일 경우 이 값은 다음과 같은 고찰로 결정된다. 블랙홀의 중력장은 블랙홀 사이에 인력을 작용시킬 것이다. 반면에 전기장은 반발력을 일으킬 것이다(같은 종류의 전하는 반발하므로). 전하 · 질량 비율이 임곗값에 이르게 되면, 서로 반대로 작용하는 이 두 힘이 정확히 균형을 이루어 블랙홀 사이에 작용하는 알짜 힘은 없게 된다. 이 조건이 블랙홀이 포함할 수 있는 전하의 양에 한계를 결정한다.

블랙홀의 전하량을 이 최댓값보다 증가시키면 무슨 일이 일어날까? 이것을 실현하는 한 가지 방법은 더 많은 전하를 블랙홀에 공급하는 것이다. 이 과정은 전하량을 증가시킬 것이다. 전기적 반발을 극복하기 위해서 수행된 일은 에너지를 필요로 하고, 이 에너지가 블랙홀에 공급된다($E=mc^2$을 상기하자.). 에너지가 질량이므로 블랙홀은 더 무거워진다. 따라서 블랙홀은 더욱 커진다. 간단히 계산해 보면, 이 과정에서 질량의 증가는 전하가 증가되는 것보다 더욱 빨라 전하 · 질량 비율은 실제로 감소하여 이 한계를 극복하려는 시도는 실패하고 만다.

전기를 띤 블랙홀의 전기장은 블랙홀의 전체 질량에 기여한다. 허용된 최대 전하를 갖는 블랙홀의 경우 전기장은 질량의 절반을 나타낸다. 2개의 회전하지 않는 블랙홀이 반대 부호를 갖는 전하의 최댓값을 갖고 있다면, 중력과 전자기력 모두 서로 잡아당기는 인력으로 작용한다.

두 블랙홀이 합병될 때 전하는 중화되고, 전기적 에너지는 유출될 수 있다. 이론적으로 이 에너지가 계의 전체 질량 에너지의 50퍼센트만큼 될 수 있다.

에너지 유출의 상한은 두 블랙홀이 회전하며 반대 부호의 전하를 각각 최댓값만큼 갖고 있다고 가정하면 얻을 수 있다. 이때 전체 질량 에너지의 3분의 2만큼이 방출될 수 있다. 물론 이러한 값들이 이론적으로는 흥미롭지만, 실제적으로 블랙홀은 그렇게 많은 전하를 가질 수 없을 것이다. 따라서 진보된 과학 기술로 그렇게 만들지 않는 한, 두 블랙홀이 그럴듯한 방법으로 합병될 것 같지는 않다.

하지만 두 블랙홀의 비효율적 합병은 필시 관련된 물체의 전체 질량 에너지의 상당 부분을 거의 즉각적으로 방출할 수 있을 것이다. 이 양은 별들이 수십억 년 동안 핵융합을 통해 방출하는 얼마 되지 않는 1퍼센트 정도의 질량 에너지에 비교할 만한 양이다.

이러한 중력 과정의 중요성은 다 타 버린 별이 결코 죽어 없어진 게 아니라는 것을 알려준다는 데 있다. 붕괴된 잿더미도 타오르는 공 모양의 기체 덩어리에서 일어나는 핵융합 과정에서 방출된 에너지보다 훨씬 더 많은 에너지를 방출할 수 있다는 것이다.

'블랙홀'이란 말을 제일 처음 사용한 물리학자 존 휠러(John Wheeler)는 약 20여 년 전 이 사실을 인식하고는, 문명의 발달에 따른 점증하는 에너지 수요를 감당하기 위해 별을 포기하고 블랙홀 가까이에 살기로 한 가상적인 문명사회를 상상했다.

그 사회에서는 일상 생활에서 발생한 쓰레기를 트럭에 실어 컴퓨터로 세심하게 계산된 궤적에 따라 블랙홀로 날려 보낸다. 블랙홀 가까이에서 트럭의 짐을 풀어 쓰레기를 블랙홀로 빨려들게 한다. 즉 쓰레기를 영원히 버리는 것이다. 쓰레기는 블랙홀의 회전 방향과는 반대 방향으로 회전하기 때문에 블랙홀의 회전 속도를 약간 느리게 하는 효과를 초래한다. 이때 블랙홀의 회전 에너지가 일부 방출된다. 블랙홀 문명은 이 방출 에너지를 산업의 동력으로서 활용한다. 따라서 이 과정은 모든 쓰레기를 완전히 제거하고 그것을 순수한 에너지로 전환하는 두 가지 이득을 낳는다. 이 방법으로의 블랙홀 문명은 별이 빛의 형태로 방출한 에너지보다 훨씬 더 많은 에너지를 죽은 별에서 공급받을 수 있다.

블랙홀의 에너지를 이용한다는 생각은 공상 과학 시나리오이기는 하지만, 블랙홀 내부에서 물질이 종말을 맞이한다는 것은 과학적인 이야기이다. 중력 붕괴로 블랙홀이 된 별의 구성 물질이나 블랙홀과 우연히 충돌해 그 속에 빠져 들어간 물질 역시 블랙홀 내부에서 종말을 맞이한다.

필자가 블랙홀에 대한 강의를 할 때마다 사람들은 언제나 블랙홀에 빨려든 물질에 무슨 일이 일어나는지를 궁금해한다. 간단히 대답하면, 우리는 알지 못한다. 블랙홀에 대한 우리의 이해는 거의 전적으로 이론과 수학에 기초하고 있다.

사실 정의에 따르면, 우리는 외부에서 블랙홀 내부를 관찰할 수 없다. 따라서 우리가 블랙홀을 관찰할 훌륭한 장치를 이용할 수 있다고 하더라도(우리는 아직 이 장치를 갖고 있지 않다.) 블랙홀의 내부에서 무슨 일이 일어나고 있는지는 결코 알 수 없다. 그럼에도 불구하고 제일 먼저 블랙홀의 존재를 예견한 상대성 이론은 블랙홀에 빨려든 우주 비행사에게 무슨 일이 일어날지 어느 정도 예측할 수 있다. 상대성 이론을 통해 얻은 이론적 추론을 간략하게 설명하면 다음과 같다.

블랙홀의 표면은 순전히 수학적인 구조물이다. 블랙홀의 표면은 어떤 피막 같은 게 아니라 그저 빈 공간이다. 빨려드는 우주 비행사는 블랙홀에 빨려들면서 특별히 이상한 것을 느끼지 못한다. 하지만 블랙홀의 표면은 확실히 다소 극적으로 느껴지는 물리적 중요성을 갖고 있다. 블랙홀의 안쪽은 중력이 너무 강해 밖으로 향하는 광자를 안쪽으로 잡아당기고 되돌려 빛을 포획해 버린다. 이 사실은 빛이 블랙홀을 탈출할 수 없음을 의미한다. 따라서 외부에서 볼 때 블랙홀은 검게 보인다.

어떤 물리적 물체나 정보도 빛보다 빨리 달릴 수 없기 때문에, 일단 이 경계를 넘어서면 블랙홀에서 도망쳐 나올 수 있는 것은 아무것도 없다. 블랙홀의 안쪽에서 일어나는 모든 사건은 외부 관찰자에게는 영원히 숨겨져 있다. 이런 까닭에 블랙홀의 표면은 '사상(事象)의 지평(event horizon)'이라고 일컬어진다. 이것은 멀리 떨어진 곳에서도 목격될 수 있는 외부의 사건들과 결코 목격될 수 없는 내부의 사건들을 구분짓기 때문이다. 하지만 이러한 효과는 일방적이다. 사상의 지평 밖에 있는 누구도 우주 비행사를 볼 수 없지만, 사상의 지평 안쪽에 있는 우주 비행사는 바깥 우주를 볼 수 있다.

우주 비행사가 블랙홀 안쪽 깊숙이 빨려들면 중력장은 증가한다. 한 가지 효과가 신체의 뒤틀림이다. 빨려드는 우주 비행사의 발 부분이 안쪽이고 머리 부분이 바깥쪽이면, 발이 머리보다 중력이 강한 블랙홀의 중앙에 가깝다. 이 결과로 우주 비행사의 발은

아래쪽으로 보다 강하게 당겨져 몸이 길쭉하게 늘어날 것이다. 동시에 어깨 부위는 수렴 경로를 따라 블랙홀의 중앙부로 잡아당겨질 것이다. 따라서 우주 비행사는 길쭉하고 납작하게 짜부라질 것이다. 이 잡아 늘이고 짜부라뜨리는 과정은 밀가루 반죽이 국수 가락으로 길고 가늘게 뽑아지는 것과 비슷하여 때때로 '스파게티화'라고 불린다.

이론에 따르면, 블랙홀의 중심에서 중력은 한계가 없이 무한대로 증가한다. 중력장 스스로 시공간에서 굴곡과 뒤틀림을 명백히 보여 주기 때문에, 점증하는 중력은 알려진 한계가 없이 무한대로 증가하는 시공간의 뒤틀림을 수반한다. 이 양상을 수학자들은 '시공간 특이성'이라고 부른다. 이것은 정상적인 시공간 개념이 더 이상 통하지 않는 시간과 공간의 경계, 또는 가장자리를 나타낸다. 많은 물리학자들은 블랙홀 내부의 특이점, 즉 블랙홀의 중심이 순수한 시간과 공간의 끝을 나타내며, 이 특이점과 마주친 물질들은 흔적도 없이 완전히 사라진다고 믿는다. 이런 일이 일어난다면, 우주 비행사의 몸체를 구성하는 원자들이 10^{-9}초(1나노초) 동안의 초특급 스파게티화에 의해 특이점으로 사라질 것이다.

태양 질량의 1000만 배의 질량을 가진 블랙홀이—은하수의 중심에 있는 블랙홀과 비슷한 크기—회전하지 않는다면, 사상의 지평에서 빨려드는 우주 비행사가, 모든 물질을 소멸시키는 특이점에 이르는 데 걸리는 시간은 3분 정도이다. 이 마지막 3분 동안은 매우 불편하다. 실제로 스파게티화는 특이점에 이르기 오래전(약 3분 전)에 이 불행한 사람을 죽음에 이르게 할 것이다.

이 마지막 상황에서도 우주 비행사는 결코 특이점을 볼 수 없다. 빛이 특이점에서 탈출해 나올 수 없기 때문이다. 지금 생각하고 있는 블랙홀의 질량이 태양의 질량과 똑같다면 블랙홀의 반지름은 3킬로미터 정도이며, 사상의 지평에서 특이점에 이르는 여행은 100만분의 몇 초가 걸릴 것이다.

파멸에 소요된 시간이 빨려드는 우주 비행사의 좌표계에서는 매우 빨리 지나가지만, 멀리 떨어진 곳에서는 우주 비행사의 마지막 여행이 아주 느리게 보인다.

실제로 우주 비행사가 사상의 지평에 접근하면, 그 주위에서 벌어지는 사건이 멀리 떨어져 있는 관찰자가 보기에는 점점 더 느리게 진행된다. 우주 비행사가 사상의 지평에 도달하는 데에는 무한히 긴 시간이 걸리는 것으로 보인다.

따라서 우주 비행사는 우주의 멀리 떨어진 지역에서의 영원히 긴 시간을 사상의 지평으로 돌진하는 한순간 동안 경험한다.

이러한 측면에서 볼 때, 블랙홀은 어딘지는 모르지만 새로운 출구로 이어진 우주의 깜깜한 뒤안길, 아니면 우주의 종말에 이르는 일종의 관문이다. 블랙홀은 우주 공간 속에 존재하는 시공간의 끝이다. 우주의 종말이 궁금한 사람들은 하나의 블랙홀에 뛰어듦으로써 그것을 직접 경험해 볼 수 있다(물론 사후의 경험이 되겠지만).

중력은 자연의 다른 힘에 비해 훨씬 약하지만, 그 잠재적이고 누적적인 작용은 개별 천체뿐 아니라, 전체 우주의 궁극적인 운명을 결정짓는다. 별을 짜부라뜨리는 무자비한 인력 작용이 훨씬 큰 규모로 전체 우주에 작용한다. 이 만유인력의 결과는 중력에 기여하는 전체 물질의 양에 민감하게 작용한다. 그것을 알아보기 위해서 다음 장에서는 우주의 질량을 측정해 볼 것이다.

6
우주의 질량

위로 올라간 것은 내려오기 마련이라는 말이 있다. 하늘 높이 발사된 물체에 작용하는 중력은 날아오른 물체에 브레이크로 작용해 지구로 돌아오도록 잡아당긴다. 그러나 늘 그런 것은 아니다. 물체가 충분히 빠른 속도로 움직이면, 지구의 중력장을 완전히 탈출해 우주 공간으로 날아가 결코 돌아오지 않을 수 있다. 행성 탐사 우주선을 실은 로켓의 강력한 추진력은 이러한 고속(高速) 비행을 가능하게 해 준다.

임계(臨界) '탈출 속도(escape velocity)'는 초속 11킬로미터(시속 4만 킬로미터)로 초음속기인 콩코드의 속도보다 20배나 빠르다. 이 임계 숫자는 지구가 포함하는 물질의 양인 지구의 질량과 지구의 반지름으로부터 유도된다. 주어진 질량을 가진 물체의 부피가 작으면 작을수록 그 물체 표면에서의 중력은 더욱 커진다.

태양계를 탈출한다는 것은 태양의 중력을 극복함을 의미한다. 여기에 요구되는 탈출 속도는 초속 618킬로미터이다. 은하수로부터의 탈출 속도도 초속 수백 킬로미터에 지나지 않는다. 다른 극단적인 경우로 중성자별과 같은 고밀도 물체로부터의 탈출 속도는 초속 수만 킬로미터에 이른다. 반면에 블랙홀로부터의 탈출 속도는 광속(초속 30만 킬로미터)이다.

우주로부터의 탈출은 어떨까? 2장에서 지적한 바와 같이 우주는 탈출할 경계가 없다. 하지만 경계가 있다고 하고, 그 경계를 우리가 관측할 수 있는 150억 광년이라고 하면 탈출 속도는 거의 광속에 가깝다.

이것은 매우 중요한 결과이다. 가장 멀리 있는 은하는 거의 광속에 가까운 속도로 우리로부터 멀어져 가는 것처럼 보인다. 드러난 값만을 고려하면 은하들은 너무 빠른 속도로 멀어지고 있다.결국 그들은 우주에서 '탈출'하거나, 서로서로 도망가 '결코 되돌아오지 않' 는 것이다.

사실 팽창하는 우주는 명확하게 정의된 가장자리가 없다고 하더라도 지구에서 발사된 물체와 매우 유사한 방식으로 움직인다. 팽창률이 충분히 높으면, 서로로부터 멀어지는 은하들이 우주에 있는 모든 물질이 모여 만든 중력으로부터 탈출해 우주는 영원히 팽창할 것이다.

팽창률이 매우 낮으면 언젠가 팽창이 멈춘 후 우주는 다시 수축하기 시작할 것이다. 따라서 은하들이 다시 '돌아와' 궁극적으로 대재난이 일어나고 우주는 붕괴한다.

이 시나리오 중 어느 것이 실현될 것인가? 대답은 두 수의 비교에 달려 있다. 한편에는 팽창률이 있고, 다른 한편에는 중력의 세기가 있다. 이 중력의 세기는 우주 전체의 질량에 달려 있다. 은하들이 서로 멀어지지 못하도록 잡아당기는 중력이 세면 셀수록 우주는 이를 극복하기 위해 더욱 빠르게 팽창한다. 천문학자들은 적색 편이 효과를 관찰해 직접 팽창률을 측정할 수 있다. 하지만 아직 천문학자들은 우주의 팽창율이 어느 정도인지 합의하지 못했다. 두 번째 양인 우주의 질량에는 더욱더 문제가 있다.

우주의 질량을 어떻게 측정할 수 있는가? 어려운 일 같아 보인다. 분명히 직접 잴 수는 없다. 그럼에도 불구하고, 우리는 중력이론을 이용해 우주의 질량을 추론할 수 있다. 하한값은 바로 구할 수 있다. 행성을 잡아끄는 중력을 측정해 태양의 질량을 측정할 수 있다. 우리는 은하수에 평균적으로 태양과 같은 질량을 갖는 별이 1000억 개 있다는 사실을 안다. 따라서 이러한 사실로부터 은하 전체 질량의 하한값을 대충 계산할 수 있다.

이제 우리는 우주에 얼마나 많은 은하가 있는지 계산할 수 있다. 너무 많기 때문에 하나하나 더해서는 값을 구할 수 없지만, 적당히 측정해 10억 개가 있음을 알 수 있다. 이렇게 하여 구한 값이 태양 질량의 10^{21}배이다. 다시 말해 우주의 전체 질량은 약 10^{48}톤이다. 이 은하 집단의 반지름을 150억 광년이라고 하면, 우리는 우주로부터의 탈출 속도의 최솟값을 계산할 수 있다. 계산된 값은 광속의 약 1퍼센트로 나온다. 만약 우주의 질량이 우주에 있는 별들만의 질량이라면, 우주는 중력의 속박에서 벗어나 무한정 계속 팽창할 것이다.

위의 내용이 많은 과학자들이 일어나리라고 믿는 시나리오이다. 그러나 모든 천문학자들이나 우주론자들이 합산을 정확히 했다고 확신하지는 않는다. 우리가 보는 물질은 실제로 우주에 있는 물질의 양보다 적다. 우주에 존재하는 모든 물체가 다 빛을 발하지는 않기 때문이다.

희미한 별들, 행성들, 블랙홀들과 같은 거무스름한 형체들은 우리의 주의를 끌지 못한다. 또한 은하들 사이의 공간이 완전히 물체가 없는 허공이 아님은 의심의 여지가 없다. 거기에도 많은 양의 밀도가 낮은 가스가 있다.

더 흥미진진한 가능성이 여러 해 동안 천문학자들을 흥분시켰다. 우주의 기원이라는 대폭발은 우리가 볼 수 있는 물질의 원천이자 볼 수 없는 물질의 원천이기도 했다. 우주가 굉장한 고온 상태인 아원자 입자들의 수프로 시작했다면, 일반 물질을 구성하는 잘 알려진 전자, 양성자, 그리고 중성자들 외에 최근 입자물리학자들에 의해 실험실에서 확인된 다른 종류의 입자들도 대폭발과 함께 풍부하게 창조되었음이 틀림없다. 이런 입자들은 대부분 매우 불안정했을 것이며, 곧 붕괴됐을 것이다. 그러나 일부는 우주 기원의 잔존물로서 지금까지 남아 있다.

관심을 끄는 잔존물 중 중요한 것은 중성미자들이다. 이 유령과 같은 입자들은 초신성에서 활동성을 드러내 보인다(4장 참조). 우리가 알고 있는 바로는, 중성미자는 다른 것으로 붕괴하지 않는다(중성미자도 사실 세 가지 타입이 있다. 이 세 가지 타입은 상호 변화할 수 있지만 여기에서 복잡한 논의는 피하고 싶다.). 그러므로 우리는 우주가 대폭발에서 살아남은 중성미자 바다에 잠겨 있다고 생각할 수 있다.

원시 우주의 에너지가 모든 아원자 입자들에게 민주적인 방식으로 골고루 분배되어있다고 생각하면, 얼마나 많은 우주 중성미자들이 있을지 계산할 수 있다. 계산 결과에 따르면, 우주 공간 1세제곱센티미터에 약 100만 개의 중성미자들이 있다. 또는 보통의 물질을 구성하는 모든 입자마다 약 10억 개의 중성미자가 있다.

나는 이 획기적인 결론에 매혹되었다. 어느 순간에나 당신들 몸 안에는 약 1000억 개의 중성미자가 있으며, 이들은 태초의 1,000분의 1초에 대폭발의 산물로 세상에 등장한 이래 거의 어떤 변화도 겪지 않은 상태 그대로 남아 있다. 광속에 가까운 속도로 움직이는 중성미자들이 매초 10억 개 곱하기 1000억 개씩 우리의 몸을 관통한다. 그렇지만 이 끊임없는 침범을 우리는 전혀 의식하지 못한다. 중성미자들은 보통의 물질과 매우 약하게 상호 작용하므로, 일생 동안 몸 안에서 단 하나라도 중성미자가 포획될 확률은 거의 무시할 수 있을 정도로 작다. 그럼에도 불구하고, 우주의 빈 공간 전체에 널리 흩어져 있는 그 많은 중성미자들은 우주의 궁극적인 운명에 심오한 결과를 초래한다.

중성미자들이 비록 극히 약하게 상호 작용을 하기는 하지만,

그것들은 공히 모든 입자들에 중력을 미친다. 그것들은 주변의 질량에 합산됨으로써 중요한 역할을 하는 것으로 판명되었다. 중성미자들이 얼마나 큰 역할을 하는지 결정하기 위해서는 그 질량을 알아볼 필요가 있다.

중력이 관계되는 곳에서 정작 중요한 것은 정지질량이 아닌 실제 질량이다. 중성미자들이 빛의 속도에 가까운 속도로 움직이기 때문에, 그들의 정지질량이 극히 적다고 하더라도 실제 질량은 상당히 클 것이다(4장 참조). 정작 그것들은 0의 정지질량을 가지고 빛의 속도로 움직일 수도 있다.

이게 사실이라면, 그것들의 실제 질량은 에너지로 결정될 수 있다. 대폭발에서 생긴 우주 중성미자의 경우, 그들 가상 에너지는 대폭발로부터 추론할 수 있다. 이 최초의 에너지는 우주 팽창율 둔화를 고려해서 수정되어야만 한다. 이 모든 사실을 고려할 때, 0의 정지질량을 갖는 중성미자들은 우주의 전체 질량에 큰 기여를 하지 못하는 것으로 판명 났다.

다른 한편, 우리는 중성미자가 0의 정지질량을 가졌는지, 또 세 종류의 중성미자들이 똑같은 정지질량을 가졌는지 확신할 수 없다. 중성미자에 대한 현재의 이론적 이해로는 중성미자가 일정한 정지질량을 가졌을지도 모른다는 가능성을 배제할 수 없다. 어느 경우가 될지는 실험적으로 결정될 일이다.

4장에서 언급한 바와 같이 중성미자가 정지질량을 가졌다면 그 값은 매우 작을 것이다. 그 값이 우리가 알고 있는 어떤 입자보다 작은 값일 것이라는 사실을 우리는 알고 있다. 하지만 우주에는 수없이 많은 중성미자들이 있으므로, 아주 작은 정지질량이라고 하더라도 우주 전체 질량에는 큰 차이를 낳을 수 있다. 가장 가벼운 입자로 알려진 전자의 1만분의 1 정도의 질량을 가졌다고 하더라도 충격적인 결과를 낳기에 충분하다. 중성미자들의 전체 질량은 별들의 전체 질량을 능가할 것이다.

이처럼 작은 정지질량을 알아내기는 매우 어려운 일이다. 실험의 결과들이 상충되어 혼란을 초래하고 있다. 초신성 1987A로부터 날아온 중성미자들의 검출이 중요한 실마리를 제공했다는 사실은 흥미롭다. 앞에서 이미 언급한 바와 같이, 중성미자들의 정지질량이 0이라고 한다면 그것들은 광속과 똑같은 속도로 달려야만 한다.

다른 한편, 중성미자들이 0이 아닌 작은 정지질량을 가졌다면, 일정한 속도의 범위가 가능할 것이다. 초신성으로부터 날아온 중성미자들이 0이 아닌 정지질량을 가졌다고 하더라도, 광속에 아주 가까운 속도로 움직이기 때문에 그 에너지는 매우 클 것이다.

하지만 그들은 오랫동안 우주 공간을 날아 왔어야 하기 때문에, 속도에 나타나는 사소한 차이도 지구 도착 시간에서 측정 가능한 차이를 보이는 것으로 해석될 수 있다. 초신성 1987A로부터 날아온 중성미자들의 도착 시간 분포를 연구해, 중성미자들이 갖는 정지질량의 상한선을 구한 결과, 그 값은 전자 질량의 약 30만분의 1 정도임이 밝혀졌다.

불행하게도 중성미자의 종류가 여러 가지이기 때문에 상황은 더욱 복잡하다. 대다수의 정지질량 결정에 관한 연구는 파울리가 처음 가정했던 중성미자에 관한 연구이다.

그러나 두 번째 타입의 중성미자가 발견된 이후, 세 번째 타입의 중성미자의 존재 가능성이 추론되었다. 세 가지 타입의 중성미자 모두 대폭발을 통해 풍부하게 만들어졌을 것이다.

다른 두 가지 타입의 중성미자가 갖는 정지질량의 한계를 곧바로 설정하는 것은 매우 어려운 일이다. 실험적으로 측정된 가능한 질량값의 범위는 폭이 매우 넓어, 오늘날 상당수의 이론학자들은 아마도 중성미자가 우주 질량의 큰 부분을 차지하지는 않을 것이라고 생각한다. 물론 새로운 실험을 통해 중성미자의 질량이 정확하게 결정된다면, 이러한 정서는 쉽게 역전될 수 있다.

우주의 질량을 결정하려고 할 때 고려해야 할 것은, 우주의 잔존물에는 중성미자만이 있는 게 아니라는 사실이다. 아마도 다소 큰 질량을 갖고 안정적이며 약하게 상호 작용하는 다른 입자들이 대폭발에서 창조되었을 수도 있다(정지질량이 너무 크면, 질량이 작은 다른 입자들에 비해 상대적으로 적게 생성되었을 것이다. 왜냐하면 그런 입자들을 생성하기 위해서는 더 많은 에너지가 소요되기 때문이다.).

이 입자들은 집합적으로 약하게 상호 작용하는 질량이 큰 입자들(Weakly Interacting Massive Particles)을 나타내는 WIMPs로 알려져 있다. 이론학자들은 그래비티노(gravitino), 힉시노(higgsino), 포티노(photino)와 같은 이상한 이름을 갖는 가상적인 WIMPs의 목록을 갖고 있다. 그 입자들이 진짜 존재하는지는 아무도 모르지만, 만일 존재한다면 우주의 질량을 결정하는 데 고려되어야만 할 것이다.

WIMPs가 보통의 물질과 상호 작용을 한다는 가정으로부터 WIMPs의 존재를 검증할 수 있을지도 모른다는 생각은 주목할 만하다. 이들 상호 작용은 매우 약하리라고 예상되기는 하지만,

WIMPs의 큰 질량이 그들을 상당히 활기찬 무리로 만들 수 있다. 잉글랜드의 북동쪽 암염 광산과 샌프란시스코 근처의 댐 지하에서 수행된 실험은 지나가는 WIMPs를 탐지해 내도록 계획되었다. 우주가 이 입자들로 가득 차 있다고 생각하면, 무수히 많은 WIMPs들이 언제나 우리(지구)를 관통하고 있을 것이다. 실험의 원리는 아주 놀랍다. 그것은 WIMPs가 원자핵에 부딪칠 때 나는 소리를 검출하는 일이다.

실험 장치는 냉각 장치로 에워싼 게르마늄과 실리콘의 결정으로 구성되어 있다. WIMPs가 결정의 핵에 부딪치면, 입자의 운동량이 핵에 충격을 줄 것이다. 이 갑작스러운 충격은 게르마늄이나 실리콘 결정 격자(結晶格子)에 미세한 음파, 또는 진동을 일으킬 것이다. 파동은 퍼져 나감에 따라 감소되어 열에너지로 전환될 것이다. 실험 장치는 약해지는 음파에서 생긴 열의 미세한 펄스를 감지하도록 설계되어 있다. 결정을 절대 온도 0도에 가깝게 냉각했기 때문에, 검출기는 아무리 작은 열에너지에도 극도로 민감하게 반응한다.

이론학자들은 WIMPs의 무리 안에 은하들이 잠겨 있다고 추측한다. 이 물질들은 비교적 느리게 움직이고 물방울 모양을 하고 있으며 질량이 양성자 질량의 1에서 1,000배에 이른다. 우리의 태양계가 전형적인 속력이 초속 수천 킬로미터로 은하의 궤도를 따라 움직일 때 태양계는 이 보이지 않는 바다도 헤쳐 나간다. 따라서 지상의 물질 1킬로그램은 하루에 1,000개가량의 WIMPs를 산란시킬 수 있다. 산란율이 이 정도라면, WIMPs를 지상에서 직접적으로 검출할 수 있어야 한다.

WIMPs를 검출하려는 노력이 계속되는 동안, 우주의 질량을 측정하려는 문제도 천문학자들에 의해 공략되고 있다. 물체가 눈에 보일 수(또는 들릴 수) 없다고 하더라도, 중력에 의한 끌림 효과는 명백히 밝혀질 수 있다.

예를 들면, 천왕성의 궤도가 알 수 없는 천체의 중력에 의한 섭동(攝動)을 받고 있다는 사실을 천문학자들이 인식했기 때문에 해왕성이 발견되었다. 밝은 별 시리우스 주위를 회전하는 희미한 백색 왜성인 시리우스B도 이와 같은 방법으로 발견되었다.

천문학자들은 이런 식으로 보이는 물체의 운동을 추적해 보이지 않는 물질을 묘사할 수가 있다(이런 기법이 백조자리 X-1의 블랙홀을 연구하는 데 활용되었는지는 이미 설명했다.).

지난 10여 년, 또는 20여 년 동안 은하에 있는 별들이 움직이는 행로에 대한 조심스러운 연구가 수행되어 왔다. 별들은 일반적으로 은하수의 중심에 대해 2억여 년을 주기로 한 궤도 운동을 한다. 은하는 중심부가 부풀어 오른 원반으로, 태양계와 어느 정도 닮은 점이 있다.

태양계에서는 행성들이 태양의 주위 궤도를 선회한다. 즉 수성과 금성 같은 내행성들은 천왕성과 해왕성 같은 외행성들보다 빨리 운동한다. 이것은 내행성들이 태양으로부터 더욱 강한 중력에 의한 끌림을 받기 때문이다.

이 같은 법칙이 은하계에도 적용되리라는 것을 예상할 수 있다. 원반의 외곽에 있는 별들은 중심 가까이에 있는 별들보다 훨씬 더 느리게 운동해야 한다.

하지만 관측 결과는 이와 상충된다. 별들은 원반 전체에 걸쳐 거의 똑같은 속도로 운행한다. 은하의 질량이 중심 가까이에 집중된 것이 아니라 다소 골고루 퍼져 있다는 설명이 가능하다. 질량 분포가 은하 중심에 집중되어 있지 않다는 것은 우리 눈에 보이는 물질들이 은하를 이루는 물질들의 일부분에 지나지 않음을 시사한다.

확실히 보이지 않는 암흑 물질이 아주 많이 존재하며, 원반 외곽에 있는 암흑 물질은 그 지역 별들의 속도를 가속시킨다. 은하수 사이의 우주 공간과 은하수의 외곽에도 상당량의 암흑 물질이 있을 수 있다. 찬란하게 빛나는 은하수와 은하의 나선팔은 보이지 않는 질량의 헤일로에 둘러싸여 있는 것이다.

비슷한 양상의 운동이 다른 은하에서도 관찰되었다. 추정 결과, 은하의 보이는 영역의 질량이 평균적으로(태양을 기준으로 한) 광도로 계산한 질량의 10배 이상이라는 사실은, 최외곽 지역에서는 이 비율이 5,000배 이상으로 증가하리라는 것을 시사한다.

은하단 내부에서 일어나는 은하의 운동을 연구한 결과도 같은 결론에 이르게 해 준다. 은하가 충분히 빠른 속도로 움직이면, 개별 은하는 은하단의 중력에서 확실히 탈출할 수 있다. 은하단의 모든 은하들이 이처럼 빠른 속도로 움직인다면 은하단은 곧 흩어질 것이다.

수백 개의 은하로 구성된 머리털자리에 위치한 전형적인 은하단이 심도 있게 많이 연구되어 왔다. 머리털자리 은하들의 평균 속력은 은하단이 잡아 두기에는 너무나 빠르다. 현재 빛을 발하는 물질의 양보다 적어도 300배 이상의 질량이 요구된다. 전형적인 은하가 머리털자리 은하단을 가로질러 가는 데는 10억 년 정도 걸리므로, 은하단이 흩어지기에는 아직 충분한 시간이 있다. 그런 일은 아직 일어나지 않았으며, 은하단의 구조가 중력에 의한 결집을 유지하리라는 강한 인상을 주고 있다. 어떤 형태의 암흑 물질이 상당량 존재해 은하들의 운동에 영향을 미치는 것처럼 보인다.

우주의 거대 규모를 검토해 볼 때 보이지 않는 물질에 대한 암시는 더 강해진다. 이것은 은하단과 초은하단이 함께 무리를 짓는 방법에 기인한다. 3장에서 설명한 대로, 은하들은 거품 같은 모양으로 거대한 빈 공간을 에워싸고 있다. 그러한 우주의 거품 구조는 빛을 발하지 않는 물질이 만들어 낸 중력의 끌림이 없이는 대폭발이 일어난 이후로 생겨날 수가 없었을 것이다.

아무튼 이 글을 쓰고 있는 이 시간까지 컴퓨터 모의실험을 통해 어떤 단순한 형태의 암흑 물질로만 이루어진 거품 구조가 만들어지지 않는 것으로 보아, 거품 구조를 형성하기 위해서는 복잡하게 섞여 있는 여러 가지 물질이 필요할 것 같다.

최근의 과학적 관심은 알려지지 않은 아원자 입자들이 암흑 물질의 후보들이 아닐까 하는 데 집중되어 왔지만, 암흑 물질들은 행성, 또는 희미한 왜성과 같은 보다 전통적인 형태로 존재할 수도 있다. 어쩌면 암흑 물질들이 우리 주위의 공간을 벌레처럼 떠돌아다니지만, 다행스럽게도 그러한 사실을 모르고 있을 수도 있다. 천문학자들은 보이는 물체에 의해 중력의 구속을 받지 않는 암흑 물질의 존재를 밝혀내는 기법을 최근에 발견했다. 이 기법은 중력 렌즈로 알려진 아인슈타인의 일반 상대성 이론의 결과를 이용하고 있다.

이 기법의 개념은 중력이 광선을 휘게 할 수 있다는 사실에 기초하고 있다. 아인슈타인은 태양 가까이 지나가는 별빛이 살짝 휘어져 하늘에 있는 별의 겉보기 위치를 이동시킨다고 예측했다.

이 예측은 태양이 가까이 있을 때와 없을 때의 별의 위치를 비교함으로써 검증될 수 있다. 이러한 검증은 1919년 영국의 천문학자 아서 에딩턴(Arthur S. Eddington) 경에 의해 처음으로 수행되었다. 에딩턴은 아인슈타인의 이론을 훌륭히 증명했다.

렌즈는 광선을 휘게 하여 결과적으로 상(像)을 형성하도록 빛을 초점에 모을 수 있다. 질량이 큰 물체가 충분히 대칭적이면 그 물체의 중력장은 실제 렌즈를 흉내 내는 것처럼 광원에서 오는 빛을 하나의 초점에 모은다 그림 7.

광원 S에서 나온 빛이 둥근 물체를 스쳐가다가 물체의 중력에 휘어진다. 이제 이 빛은 멀리 떨어진 곳에 있는 초점으로 날아간

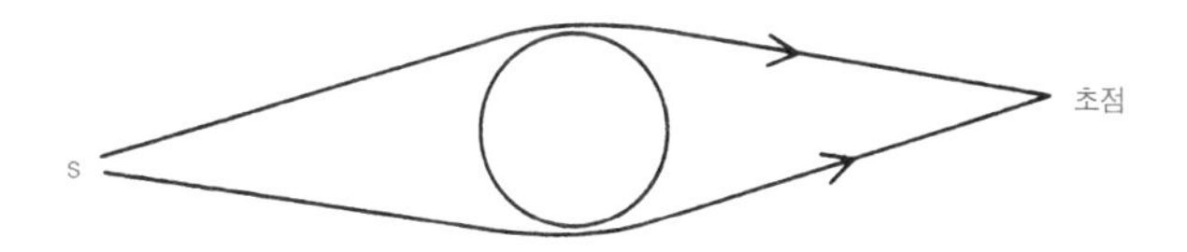

그림 7
중력 렌즈. 질량이 큰 물체의 중력은 먼 광원 S에서 오는 광선을 휘게 한다. 이러한 작용 때문에 초점에 있는 관찰자는 물체의 둘레에 형성된 둥근 띠를 보게 된다. 이 띠는 중력 렌즈 효과에 의해 왜곡된 S의 모습이다.

다. 휘는 효과는 대다수의 물체에 있어서 미약하다. 그러나 천문학적 거리에 있어서 빛의 경로에 나타난 약간의 굴곡은 궁극적으로 빛을 초점에 모을 것이다.

물체가 지구와 멀리 떨어진 광원 S 사이에 놓여 있다면, S는 매우 밝게 보이거나 예외적인 경우이지만 시선이 정확히 일치할 때에는 아인슈타인 링(둥근 띠)으로 알려진 밝은 빛의 고리를 형성할 것이다.

보다 복잡한 현상을 나타내는 물체에 있어서는, 렌즈 작용은 하나의 집중된 상이 아니라 여러 개의 상을 맺게 할 것이다. 천문학자들은 우주론적 규모로 작용하는 다수의 중력 렌즈를 발견했다. 지구와 멀리 떨어진 퀘이사를 잇는 일직선과 아주 가까운 은하들이 중력 렌즈 현상을 일으켜 퀘이사의 상을 여러 개 맺게 할 수 있다. 경우에 따라서는 퀘이사의 상이 호(弧)나 완전한 링으로 나타난다.

암흑 행성들이나 희미한 왜성을 찾던 중 천문학자들은 그러한 물체가 지구와 별 사이에 놓여 있을 때 일어날, 말로만 듣던 중력 렌즈 작용의 징후를 보았다. 별의 상이, 암흑 물질이 시선을 가로질러 움직이는 것처럼 분명하게 밝아졌다가 어두워졌다. 암흑 물질 자체는 보이지 않는 상태로 남아 있다 하더라도, 그 존재는 중력 렌즈 효과를 통해 추정할 수 있다. 어떤 천문학자들은 이 기법을 사용해 은하의 헤일로에서 암흑 물질을 찾으려 하고 있다.

멀리 떨어진 별과 정확히 일직선상에 놓여 있을 확률은 놀라울 정도로 작지만, 중력 렌즈 작용은 우주에 충분히 많은 암흑 물질이 있다면 관찰되어야만 한다. 1993년 후반에 뉴사우스웨일스 지역의 스트롬로 산 관측소(Mt. Stromlo Observatory)에서 대마젤란 성운의 별들을 관찰한 오스트레일리아와 미국의 연구진은 왜성이 일으킨 중력 렌즈 작용을 보고했다. 아마 이것은 최초의 확실한 발견일 것이다.

블랙홀도 중력 렌즈로 작용할 수 있다. 은하계 밖의 라디오파 발생원을 이용해 그것들을 찾으려는 열성적인 탐구 노력이 있었다 (라디오파도 광파와 같이 렌즈 작용에 따라 휘어진다.). 그럴듯한 후보는 거의 발견되지 않았다. 이것은 별의 잔해나 은하 물질의 블랙홀들이 많은 양의 암흑 물질을 설명할 수 있을 것 같지 않다는 강한 인상만을 준다.

하지만 모든 블랙홀들이 렌즈 작용의 조사에서 모습을 드러내지는 않을 것이다. 어쩌면 대폭발 직후에 팽배한 극한 조건에서 원자핵보다 크지 않은 미세한 블랙홀들이 형성되었을 가능성이 있다. 그러한 물체들은 소행성 정도의 질량을 가졌을 것이다. 많은 질량이 이렇게 효과적으로 감추어진 채 우주로 퍼져 나갔을지도 모른다.

놀랍게도 이러한 기괴한 실체조차 우리는 관찰할 수 있다. 이러한 관찰 방법의 타당성은 7장에서 좀 더 자세히 설명할 호킹 효과(Hawking effect)와 관련이 있다.

간단히 살펴보면, 미세한 블랙홀들은 전기적으로 대전된 입자들을 토해내면서 폭발할 수도 있다. 폭발은 블랙홀의 크기에 따른 일정한 시간이 경과한 후에 일어난다. 즉 작은 블랙홀들은 빨리 폭발한다. 소행성 정도의 질량을 갖는 블랙홀은 100억 년 뒤에 폭발할 것이다. 바로 오늘날이 그때이다.

그러한 폭발의 한 가지 효과는 갑작스러운 라디오파 펄스의 발생이다. 라디오파를 이용하는 천문학자들은 확인할 수 있을 것이다. 그러나 아직 그럴 듯한 펄스는 검출되지 않았다. 1세제곱 광년의 우주 공간에서 300만 년에 한 번 정도의 폭발이 일어날 수 있을 것으로 계산된다. 이 결과는 우주를 구성하는 물질의 아주 작은 부분만이 미세한 블랙홀의 형태를 이루고 있음을 의미한다.

전반적으로 볼 때, 우주에 있는 암흑 물질의 양에 대한 평가는 천문학자에 따라 다양한 값을 보인다. 암흑 물질은 빛을 발하는 물질보다 적어도 10배 이상 많은 것 같다. 때때로 100배 정도 된다는 문헌이 나오기도 한다. 천문학자들이 우주를 구성하는 주된 물질이 무엇인지 모르고 있다는 사실이 놀라울지도 모른다. 그러나 우주의 대부분을 설명할 수 있으리라고 생각되던 별들은 천체에서 작은 부분에 지나지 않는다.

우주론에서의 중요한 화젯거리는 우주 팽창을 중지시킬 만큼 암흑 물질이 충분히 있는가 하는 것이다. 팽창을 중지시킬 수 없는 최소의 물질 밀도를 '임계 밀도(critical density)' 라고 한다. 그 값은 볼 수 있는 물질 밀도의 약 100배로 계산되는데, 어쩌면 꼭 그만 한

양이 남아 있을 수 있다. 암흑 물질의 탐구가 곧 확실한 답(그렇다 또는 아니다)을 제공할 것이라고 희망한다. 우주의 궁극적 운명이 그것에 달려 있기 때문이다.

지금 우리가 알고 있는 지식으로는 우주가 영원히 팽창할지, 또는 안 할지를 말할 수 없다. 만약 우주가 수축하기 시작한다면, 그것은 '언제 시작될 것인가' 라는 의문이 떠오른다. 이에 대한 답은, 우주의 질량이 임계 질량을 정확히 얼마나 초과하느냐에 달려 있다. 만약 임곗값의 1퍼센트를 초과하면, 1조 년 안에 수축이 시작될 것이다. 10퍼센트 초과하면 더 빨리, 지금으로부터 1000억 년 후에 시작될 것이다.

그동안 몇몇 이론학자들은 어렵고 직접적인 관찰 없이 계산만으로 우주의 질량을 결정할 수 있으리라 믿었다. 인간이 사고력에만 의지해 심오한 천문학적 지식을 파악할 수 있으리라는 믿음은 고대 그리스의 철학자들에게까지 거슬러 올라가는 전통이 있다. 과학의 시대에도 상당수의 우주론 학자들은 몇 가지 심오한 원리에 입각해 우주의 질량을 어느 확정된 값으로 나타내 보고자 수학적 공식을 세우려고 해 왔다. 특별히 재미있는 것은 우주에 있는 입자들의 정확한 수가 어떤 수비학(수의 신비한 패턴을 연구하는 신비주의 일종. 수로 점을 치기도 한다.)적 공식으로 결정된다는 이론이다.

그들의 노력이 환상적이긴 하지만, 커다란 안락의자에 앉아서 하는 묵상은 절대다수의 과학자들로부터 배척되었다. 그러나 최근에 와서, 우주의 질량에 대한 확실한 예측을 낳을 수 있는 보다 확신에 찬 이론이 많은 관심을 끌게 되었다. 이 이론이 바로 3장에서 논의한 급팽창 이론이다.

급팽창 이론의 예측 중 한 가지는 우주에 있는 물질의 양에 관한 것이다. 우주가, 붕괴가 일어날 수 없는 정확한 임곗값보다 훨씬 크거나 훨씬 작은 물질 밀도로 출발했다고 생각해 보자. 우주가 급팽창 국면에 처해 있을 때 밀도는 극적으로 변하고, 실제의 이론에 따르면 우주가 임계 밀도에 빠르게 접근함을 예상할 수 있다. 우주가 보다 오랫동안 급팽창하면 밀도는 임곗값에 더욱 근접한 값이 된다. 표준 이론에 따르면 급팽창은 아주 짧은 시간 동안만 지속된다. 따라서 우주가 기적적으로 정확한 임계 밀도를 갖고 시작되지 않았다면, 우주는 급팽창 국면을 거치면서 임곗값보다 조금 크거나 조금 작은 밀도를 갖게 될 것이다.

하지만 급팽창이 일어나는 동안 임계 밀도로의 접근은 지수함수로 표현되는 빠른 속도로 일어난다. 밀도의 최종값은 비록 급팽창 기간이 1초도 안 되는 아주 작은 시간이기는 하지만, 임곗값에 매우 근접한 값이 될 것 같다. 여기서 지수함수적이란 의미는 급팽창이 지속되는 시간이 달라지면 대폭발과 수축의 시작 사이의 시간이 2배가 된다는 뜻이다.

급팽창이 100번 똑딱거리는 동안 일어나면 수축이 1000억 년 뒤에 일어나며, 101번 똑딱거리는 동안 일어나면 수축이 2000억 년 뒤에 일어남을 의미한다. 반면에 110번 똑딱 하면 100조 년 뒤에 수축이 일어나게 된다. 이런 식으로 기간이 급속히 증가하는 것을 지수함수적인 변화라고 한다.

얼마나 오랫동안 급팽창이 지속될까? 아무도 모르는 일이지만, 내가 기술한 우주론적 수치의 수수께끼를 성공적으로 설명할 이론에 따르면 최소한의 똑딱 횟수는 지속될 것이다(대략 100번 정도로, 이 숫자는 다소 탄력적인 것이다.). 하지만 이 기간의 상한(上限)은 없다.

우연의 일치로 오늘날 우리가 관찰한 결과를 설명하는 데 필요한 최소한의 시간 동안 우주의 급팽창이 일어난다면, 급팽창 이후의 밀도는 임곗값을 현저히 능가할(밑돌) 것이다. 그러한 경우에 있어서 장차의 관찰 결과가 수축의 시기를 결정하거나, 또는 수축이 일어나지 않거나 할 것이다. 보다 가능성이 있는 것은, 급팽창이 최솟값보다 훨씬 오랫동안 지속되어 밀도가 임곗값에 정말로 가깝게 되는 결과가 일어나는 일이다.

이렇게 되면, 우주가 수축을 하게 되더라도 무척 긴 시간 동안, 현재 우주 나이의 몇 배가 될 때까지도 수축이 일어나지 않고 정체된 상태가 지속될 것이다. 이런 경우, 인류는 그들이 살고 있는 우주의 운명을 결코 알 수 없게 될 것이다.

7 영원한 시간

무한대가 갖는 중요한 의미는 단순히 숫자가 매우 크다는 데 있지 않다. 무한대는 단순히 엄청난, 상상할 수 없는 거대한 무엇과는 질적으로 다르다. 우주가 영원히 팽창을 계속해 끝이 없이 커진다고 생각해 보라. 영원히 계속 지속된다는 것은 무한대의 수명을 가졌음을 의미한다. 이게 사실이라면, 마치 원숭이가 타자기를 영원히 두드려 마침내 셰익스피어의 작품을 타자하듯이, 아무리 느리게 진행되거나 또는 일어날 수 없을 것 같은 어떤 물리적 과정도 언젠가는 일어나야만 한다.

5장에서 논의한 중력파 방출 현상이 좋은 예이다. 격렬한 천문학적 과정은 중력파 복사의 형태로 에너지 손실을 동반한다. 우주의 수명이 영원하다면 천문학적 과정에서 손실되는 에너지의 양은 엄청날 것이다. 태양의 둘레를 공전하는 지구는 한 번 공전할 때마다 약 1밀리와트(milliwatt, 1밀리와트는 1,000분의 1와트로 1초 동안에 0.001줄의 일을 수행하는 일률—옮긴이)의 에너지를 잃는다. 이것은 지구의 운동에 아주 미세한 영향을 미친다. 그렇지만 이렇게 작은 에너지 손실도 1조 년씩 1조 번의 세월이 흘러가면 엄청난 양이 되고, 마침내 지구는 나선 궤도를을 그리며 태양으로 빨려들게 된다.

물론 지구는 그런 일이 일어나기 훨씬 전에 적색 거성이 된 태양에 의해 삼켜지겠지만, 중요한 점은 인간의 시간 단위에서는 무시할 만한 과정들이 무한정 계속되면 마침내는 지배적이 되고, 결국 물리적 계의 궁극적인 운명을 결정하게 된다.

매우 멀고 먼 미래—1조 년씩 1조 번이 지난 후—에 우주가 어떤 상태에 있을지 상상해 보자. 별들의 연소가 끝난 지 이미 오래되었다. 우주는 깜깜하다. 그러나 빈 공간은 아니다. 컴컴하고 광활한 우주 공간 이곳저곳에 회전하는 블랙홀들이 잠복해 있고, 길 잃은 중성자별과 검은 왜성이 떠돌아다닌다. 몇 개의 행성들도 있다. 그러나 우주의 물질 밀도는 극히 낮다. 우주는 현재 크기의 1경(1조에 1만을 곱한 수로 10^{16}—옮긴이) 배로 팽창할 것이다.

중력은 이상한 투쟁을 수행할 것이다. 팽창하는 우주는 이웃하는 모든 물체를 더욱 멀리 떨어지도록 밀쳐 내려 할 것이다. 그러나 상호 중력에 의한 끌림은 이러한 시도에 반해 함께 묶으려 작용한다. 결과적으로 어떤 물체의 집합체—은하단, 또는 무궁한 구조적 해체 이후의 은하로 불리는 것들—는 중력으로 속박되어 있지만, 이 집합체들은 이웃한 집합체들로부터 더욱 멀어져 가며 표류한다.

이 줄다리기의 궁극적인 결과는 팽창률이 얼마나 빨리 줄어드느냐에 달려 있다. 우주의 물질 밀도가 낮아지면 낮아질수록 이 물체들의 집합체는 더욱 고무되어 그들의 이웃으로부터 떨어져 나가 자유롭게 독립적으로 움직인다.

중력으로 속박된 계의 내부에서는 느리기는 하지만 중력이 엄연히 그들의 운동을 지배한다. 중력파 방출은 약해도, 모르는 사이에 계의 에너지를 줄여 계가 느리게 나선형을 그리며 죽어 가게 만든다. 죽은 별들이 다른 죽은 별들, 또는 블랙홀들 가까이 접근해 합병된다. 이 역시 아주 느리게 진행된다. 중력파가 태양의 궤도를 완전히 붕괴시키고, 검은 왜성의 재가 은하의 중심을 향해 조용히 밀려가, 그곳에서 기다리고 있는 거대한 블랙홀에 삼켜지기까지는 1조 년이 1조 번 흘러간 시간이 걸린다.

하지만 죽은 태양이 이와 같은 방식으로 최후를 맞이할 것인가는 결코 확실하지 않다. 왜냐하면 은하 중심부 쪽으로 천천히 표류해 가는 동안 다른 별들과 마주칠 수 있기 때문이다. 때로는 한 쌍의 별이 중력으로 서로를 포옹하고 있는 연성계 근처를 지나칠 수가 있다.

이 단계에서 중력 투석기(gravitational slingshot)로 알려진 흥미로운 현상이 일어난다. 상호 회전 궤도를 운행하는 두 물체의 운동은 고전 역학적으로 단순한 운동이다. 이 운동은 태양 주위의 궤도를 운행하는 행성의 겉보기 운동과 같은 것이다. 이 운동은 케플러와 뉴턴을 사로잡아 현대 과학을 탄생시키는 계기가 되었다. 이상적으로 만들어진 상황에서, 중력파 복사를 무시할 때 행성의 운동은 규칙적인 주기 운동이다. 아무리 오랫동안 기다리더라도 행성은 똑같은 궤도를 운행한다.

하지만 제3의 물체가 보태어지면 상황은 극적으로 변화한다. 즉 1개의 별과 2개의 행성, 또는 3개의 별이 상호 작용하는 계에서의 운동은 더 이상 간단한 주기적 운동이 아니다. 3개의 물체 사이의 작용하는 힘의 양상은 언제나 복잡한 방식으로 변화한다. 결과적으로, 똑같은 물체로 이루어져 있다 하더라도 계의 에너지를 똑같이 나누어 갖지는 않는다.

그 대신에 한 물체, 또는 다른 물체가 대부분의 에너지를 갖는, 춤을 추는 듯한 복잡한 운동이 일어난다. 오랜 시간이 지나면 계의 운동은 필연적으로 무작위적이 된다.

실제로 중력이 작용하는 삼체문제는 소위 말하는 복잡계의 좋은 예이다. 2개의 물체가 '공모해(gang up)' 이용 가능한 에너지의 많은 부분을 제3의 물체에 주어, 새총에서 총알이 날아가듯이 완전히 계 밖으로 차내어 버리는 일이 일어날 수도 있다. 이런 까닭에 '중력 투석기'라는 말이 사용된다.

투석기 메커니즘은 별의 성단에서, 또는 은하에서 별을 날려 보내 버릴 수 있다. 죽은 별들, 행성들, 그리고 블랙홀들의 절대다수가 먼 미래에 이와 같은 방식으로 은하계 사이 우주 공간으로 내동댕이쳐질 것이다. 아마 분해되는 다른 은하와 마주치거나 또는 팽창하는 광활한 허공을 영원히 배회하게 될 것이다.

하지만 그 과정은 느리게 진행된다. 이 분해가 완전히 끝나려면, 현재 우주 나이의 10억 배 이상의 시간이 걸릴 것이다. 대조적으로 남아 있는 몇 퍼센트에 지나지 않는 물체들은 은하 중심부로 몰려가 거대한 블랙홀을 형성하는 데 제물로 쓰일 것이다.

5장에서 설명한 바와 같이, 천문학자들은 어떤 은하들의 중심에는 괴물 같은 블랙홀이 존재하고 있어서 소용돌이치는 가스를 삼키며, 결과적으로 막대한 양의 에너지를 풀어 놓는다는 유력한 증거를 갖고 있다. 시간이 지나면 물질을 광포하게 집어삼키는 그와 같은 과정이 대다수 은하들에서 일어나는데, 블랙홀 주위를 에워싸고 있는 물질이 삼켜지고 또는 밖으로 밀쳐져서, 결국 되돌아오거나 아니면 감소하고 있는 은하 사이 우주 공간의 가스에 합류할 때까지 계속될 것이다.

거대해진 블랙홀은 조용히 남아 있으면서 때때로 빨려 들어오는 배회하는 중성자별이나 작은 블랙홀을 삼킨다. 하지만 이런 식으로 블랙홀의 이야기가 끝나는 것은 아니다. 호킹은 1974년에 블랙홀들이 결국 완전히 검지 않다는 사실을 발견했다. 그 대신 블랙홀들은 약한 열복사의 불빛을 방출한다.

호킹 효과는 급팽창 우주론과 관련해 이미 내비친 바 있는, 물리학의 어려운 분야인 양자장론(quantum theory of fields)의 도움으로 적절히 이해될 수 있다. 양자론의 중심 신조는 하이젠베르크의 불확정성 원리임을 상기하자. 불확정성 원리에 따르면, 입자들의 모든 속성을 정확히 정의된 값으로 나타낼 수는 없다.

예를 들면, 양성자나 전자는 어느 특정 시간에 정확한 에너지의 값을 가질 수가 없다. 실제로 아원자 입자는 즉각적으로 되갚는 한 에너지를 빌릴 수 있다.

3장에서 언급한 바와 같이, 에너지의 불확정성은 명백히 빈 공간에서 순간적으로 생겨났다 사라지는 입자들, 또는 날아다니는 가상 입자들처럼 몇 가지 흥미로운 효과를 낳는다. 이것은 또한 '양자 진공(quantum vacuum)'이라는 이상한 개념을 낳는다.

이 양자 진공은 결코 완전히 비어 있는 불변의 진공을 뜻하는 것이 아니다. 양자 진공 속에서는 쉼 없는 가상 입자들의 활동으로 분란이 일어나고 있다. 이들의 활동은 일반적으로 인지되지 않고 있지만, 물리적인 효과를 낳을 수 있다. 그러한 효과들 중 한 가지가 진공 활동이 중력장의 존재로 인해 교란을 받으면 나타난다.

한 가지 극단적인 경우가 블랙홀의 사상의 지평 가까이에서 나타나는 가상 입자들에 관한 것이다. 가상 입자들은 매우 짧은 시간 동안 빌려 온 에너지로 살아 있다가, 그 후에는 에너지를 '갚아야' 하며, 에너지를 갚는 동시에 사라진다는 사실을 상기하자.

어떤 이유로 가상 입자들이 그들에게 허용된 짧은 시간 동안 어떤 외부의 에너지원으로부터 충분한 에너지를 충전받는다면 에너지 빚을 깨끗하게 청산할 수 있다. 이런 경우에는 입자들이 에너지를 되갚고 사라지게 만드는 어떤 강제성도 없어진다. 따라서 외부 에너지의 은혜를 입은 가상 입자들은 거의 영원히 존재하며 우리가 느낄 수 있는 실제 입자들로 승격된다.

호킹에 따르면, 그러한 '빚청산(clear the loan)'의 은혜는 블랙홀 가까이에서 일어날 수 있는 일이다. 이 경우에 필요한 에너지를 공급하는 '은인'은 블랙홀의 중력장이다. 이와 같은 과정이 어떻게 일어나는가를 살펴보자. 가상 입자들은 대개 반대 방향으로 움직이는 쌍으로 생성된다. 사상의 지평 밖에서 새로이 나타난 입자들의 쌍을 상상해 보자. 입자들의 운동에서 하나의 입자가 지평선을 가로질러 블랙홀로 떨어지는 경우를 생각해 보자. 그 블랙홀로 빨려드는 입자는 빨려들면서 블랙홀의 강한 중력으로부터 많은 양의 에너지를 얻게 될 것이다. 이 에너지 분출은 호킹이 발견한 것으로, '빚 청산'을 깨끗이 끝내고 빨려드는 입자와 아직 사상의 지평 밖에 머물러 있는 짝을 이루는 입자를 실제 입자로 승격시킬 수 있을 만큼 충분하다.

지평선 밖의 버림 받은 입자의 운명은 아슬아슬한 상황에 있다. 궁극적으로 블랙홀에 빨려들어 종말을 맞든가, 블랙홀로부터 고속으로 날아가 완전히 탈출할 수도 있다. 이리하여 호킹은 블랙홀 가까운 곳으로부터 우주 공간으로 도망쳐 흘러가는, 호킹 복사로 알려진 그 무엇을 구성하는 일정한 흐름이 있어야 한다고 예측했다.

호킹 효과는 미세한 블랙홀에서 가장 강하게 나타난다. 예를 들면, 가상 전자는 정상적인 조건 아래서 에너지 상환이 일어나는 동안 기껏해야 10^{-11}센티미터 정도밖에 이동할 수 없기 때문에, 이보다 작은 블랙홀들만이(대략 원자핵만 하다.) 효과적으로 전자들의 흐름을 만들어 낼 수 있다. 블랙홀이 이보다 조금만 더 크면, 대다수의 가상 전자들은 에너지 상환이 이루어지기 전에 지평선을 가로질러 갈 충분한 시간을 가질 수 없다.

가상 입자가 이동할 수 있는 거리는 얼마나 오랫동안 살아 있느냐 하는 시간에 달려 있다. 이 입자의 수명은 하이젠베르크의 불확정성 원리에 따라 차용된 에너지의 크기에 의해 결정된다. 차용된 에너지의 값이 크면 클수록 입자의 수명은 더욱 짧다. 차용된 에너지를 구성하고 있는 요소는 입자의 정지질량이다. 전자의 경우에 있어서 차용된 에너지가 적어도 전자의 정지질량 에너지만

큼은 되어야 한다.

보다 큰 정지질량을 갖는 입자의 경우, 예컨대 양성자와 같은 입자는 차용된 에너지의 값이 더욱 클 것이며, 따라서 수명이 더욱 짧아 이동할 수 있는 거리가 더욱 짧다. 그러므로 호킹 효과에 의한 양성자의 생성은 원자핵 하나보다 더욱 작은 블랙홀을 필요로 한다.

역으로 전자보다 더욱 작은 정지질량을 갖는 입자들은, 예컨대 중성미자와 같은 입자는 원자핵보다 더 큰 블랙홀에 의해 생성된다. 0의 정지질량을 갖는(정지질량이 없는) 광자들은 블랙홀의 크기에 관계없이 생성될 수 있다. 태양 정도의 질량을 가진 블랙홀은 광자들뿐 아니라 중성미자들로 이루어진 호킹 선속(Hawking Flux)을 생성할 수 있다. 하지만 그러한 경우의 선속의 강도는 매우 미약하다.

여기에 쓴 '미약한'이란 단어는 전혀 과장된 의미를 갖지 않는다. 스티븐 호킹은 블랙홀에서 생성된 에너지 스펙트럼이 고온의 물체에서 복사된 에너지 스펙트럼과 똑같다는 사실을 밝혔다. 따라서 호킹 효과의 강도를 표현하는 한 가지 방법은 온도로 나타내는 것이다.

원자핵만 한(지름이 10^{-13}센티미터인) 블랙홀은 온도가 매우 높아 100억 도 정도이다. 이에 반해 질량이 태양 정도 되고 지름이 1킬로미터가 넘는 블랙홀의 온도는 절대 온도 0도의 1000만분의 1보다 더 낮다. 천체물리학에 따르면 이 블랙홀은 호킹 복사를 통해 10억분의 1의 10억분의 1의 10억분의 1와트(10^{-27}W) 정도의 에너지를 방출한다.

호킹 효과의 한 가지 이상한 점은 블랙홀의 질량이 줄어들면 복사 온도가 높아진다는 사실이다. 이러한 사실은 작은 블랙홀들이 큰 블랙홀들보다 더욱 고온임을 나타낸다. 블랙홀은 복사에 따라 에너지와 질량을 잃게 되어 크기가 줄어든다. 결과적으로 블랙홀은 더욱더 뜨거워지며, 더욱 격렬하게 복사를 내어 더욱 빨리 줄어든다. 과정이 내재적으로 불안정해 궁극적으로는 블랙홀이 에너지를 방출해 더욱 빠른 비율로 크기가 줄어들며 사라져 간다.

호킹 효과는 궁극적으로 모든 블랙홀들이 복사열을 일시에 방출하면서 간단히 사라질 것이라고 예견한다. 그리고 최후의 순간에는 거대한 핵폭탄이 폭발해 일시에 강한 열에너지를 뿜어내며 아무것도 남기지 않는 것 같은 장관을 이룰 것이다. 적어도 이론이 시사하는 바는 그렇다.

그러나 몇몇 물리학자들은 물질로 이루어진 물체가 붕괴하여 블랙홀을 형성해 열복사만을 남기고 사라진다는 주장에 동의하지 않는다. 그들은 두 가지 매우 다른 물체가 원래의 살아 있던 형체에 관한 어떤 정보도 남기지 않고 똑같이 열복사를 발생하며 종말을 고한다는 데 우려를 표시한다.

그렇게 사라지는 활동은 이제까지 잘 지켜져 온,모든 종류의 보존 법칙들에 위배된다. 한 가지 대안이 있다. 사라지는 블랙홀은 어떻게 해서든 방대한 양의 정보를 내포한 미세한 잔존물을 사후에까지 남긴다는 것이다. 어떤 방법을 따르든 블랙홀이 갖는 질량의 거의 모든 부분은 열과 빛의 형태로 복사되어 흩어진다.

호킹 과정은 거의 알아볼 수 없을 정도로 느리게 진행된다. 태양 질량 크기의 블랙홀은 사라지는 데 10^{66}년이 걸릴 것이며, 초거대 질량을 갖는 블랙홀은 10^{93}년 정도 걸릴 것이다. 우주 배경 온도가 블랙홀의 온도 이하로 떨어지기 전에는 그러한 과정이 시작되지도 않을 것이다. 그렇지 않다면, 주위 우주로부터 블랙홀로 흘러드는 열이 호킹 효과로 블랙홀로부터 흘러나가는 열을 능가할 것이다. 대폭발로부터 남겨진 우주 배경 복사는 절대 0도보다 3도 정도 높다. 태양 질량 크기의 블랙홀로부터 알짜 열 손실이 있는 정도까지 우주가 식으려면 10^{22}년이 걸린다. 호킹 과정은 앉아서 살펴볼 수 있는 그런 것이 아니다.

그러나 '영원'은 긴 시간이다. 영원한 시간이 지나면 궁극적으로 모든 블랙홀들—초거대 블랙홀들조차—은 아마도 사라질 것이다. 그들의 죽음의 고통은 칠흑같이 어두운, 영원한 우주의 밤 속에 한 줄기 빛으로 표현된다. 먼 옛날 10억 개의 타오르는 태양이었던 초거대 블랙홀은 그렇게 사라져 간다.

무엇이 남아 있는가?

모든 물질이 블랙홀로 빨려드는 것은 아니다. 결코 별로 뭉쳐지지 않는 희박한 밀도의 가스나 먼지와 소행성, 혜성, 운석, 그리고 성계를 어지럽히는 이상한 암석 덩어리들은 언급하지 않더라도, 광활한 은하 사이 우주 공간을 외롭게 떠돌아다니는 중성자별들, 검은 왜성들, 그리고 행성들을 생각해 볼 필요가 있다. 이 물체들이 영원히 살아남을까?

여기서 우리는 이론적 어려움에 뛰어들게 된다. 당신과 나, 그리고 행성 지구를 구성하는 일반적인 물질이 절대적으로 안정되어 있는가를 알 필요가 있다. 미래를 이해하기 위한 궁극적인 열쇠는 양자역학에 있다.

비록 양자역학적 과정이 보통 원자와 아원자 계와 연관되어 있지만, 양자물리학의 법칙들은 거시적인 물체를 포함한 모든 것에 응용될 수 있다. 큰 물체의 경우 양자 효과는 극히 미약하지만, 아주 긴 시간 속에서는 중요한 변화를 초래할 수도 있다.

양자물리학의 특징은 불확정성과 확률이다. 양자역학의 영역에서는 이상하다는 것 외에 확실한 것이란 아무것도 없다. 이것은 아무리 확률이 낮은 사건도 충분한 시간이 주어진다면 언젠가는 일어날 수 있음을 뜻한다. 방사성을 연구하는 경우에 이와 같은 규칙을 관찰할 수 있다.

우라늄 238($^{92}U^{238}$)의 핵은 거의 완벽하게 안정되어 있다. 하지만 α 입자를 방출해 토륨($^{90}Th^{234}$)으로 변형될 작은 가능성이 있다. 정확히 말하자면 주어진 우라늄의 핵이 단위 시간당 붕괴할 매우 작은 확률이 분명히 있다. 평균적으로 45억 년 만에 한 번 붕괴하겠지만, 확률이 0이 아니기 때문에 우라늄의 핵은 궁극적으로 붕괴할 것이다.

α 입자 방사성 붕괴는 우라늄 원자핵을 구성하는 양성자들과 중성자들의 위치에 나타나는 작은 불확정성 때문에 일어난다. 불확정성의 원리에 따르면 이 핵자들은 대개 원자핵의 영역 안에 있

지만 어쩌다 순간적으로 핵의 외부에 있을 수도 있다. 이 확률은 0이 아니다. 밖으로 나온 핵자들은 우라늄 원자핵에서 도망간다.

똑같은 방식으로, 고체 내부에 있는 원자의 정확한 위치에도 작긴 하지만 0이 아닌 불확정성이 있다. 예를 들면, 다이아몬드를 구성하는 탄소 원자는 결정격자 내부의 매우 잘 정의된 위치에 고정되어 있다. 우주의 먼 미래에 예상되는 거의 0도에 가까운 온도에서 이 탄소 원자의 배치는 극히 안정되어 있을 것이다. 그러나 완전히 안정된 것은 아니다.

원자의 위치에는 언제나 작은 불확정성이 있으며, 이 불확정성은 그 원자가 격자에서 차지하고 있던 위치를 자연스레 박차고 뛰어나와 어딘가 다른 위치에 나타날 수 있음을 의미한다.

이러한 과정들 때문에 다이아몬드같이 단단한 물질조차도 진정한 고체라고 할 수 없다. 오히려 진정한 고체는 매우 점성이 강한 액체이다. 이 액체는 양자역학적 효과로 인해 무한히 긴 시간 동안 흐를 수 있다. 이론물리학자인 프리먼 다이슨(Freeman Dyson)은 약 10^{65}년 후에는 매우 세밀하게 세공된 다이아몬드가 둥근 구슬 모양으로 오그라들 뿐만 아니라, 모든 암석 덩어리들이 둥글둥글한 공 모양으로 변형될 것이라고 생각했다.

위치의 불확정성은 핵반응을 일으킬 수도 있다. 예컨대 다이아몬드 결정에 들어 있는 이웃하는 2개의 원자를 생각해 보자. 앞에 설명한 원자 하나의 자연스러운 위치 변화는 아주 드물게 자신의 원자핵을 이웃한 원자핵의 바로 옆에 일시적으로 나타나게 할 수 있다. 핵력은 두 원자핵을 끌어당겨 핵융합 반응을 일으키고 마그네슘의 원자핵을 형성할 것이다. 따라서 핵융합은 아주 높은 온도를 필요로 하지 않는다. 즉 저온 핵융합이 가능하다.

그러나 이러한 저온 핵융합은 엄청난 시간이 걸린다. 프리먼 다이슨은 10^{1500}(1 다음에 0이 1500개 있는 수)년 뒤에 모든 물질이 이와 같은 방식으로 가장 안정된 원자핵을 가진 철로 변형될 것이라고 예상했다.

하지만 어떤 이유에서든 핵 물질은 이같이 긴 세월 동안 살아남지 못할지도 모른다. 왜냐하면 보다 빠르긴 하지만 아직 믿을 수 없을 정도로 느리게 일어나는 핵변환 과정 때문이다. 프리먼 다이슨은 양성자들(과 핵에 속박되어 있는 중성자들)이 절대적으로 안정된 물질이라고 보았다. 다시 말해, 양성자는 블랙홀에 빨려들거나 다른 요동의 영향을 받지 않는다면 영원히 변치 않고 남아 있을 것이다. 그러나 이와 같이 양성자가 붕괴하지 않고 남아 있다고 확신할 수 있을까?

내가 학생일 때 어느 누구도 그것을 의심하지 않았다. 양성자들은 영원히 사는 존재였다. 그것들을 완전히 안정된 입자들로 생각했다. 그러나 이 문제에 대해서는 언제나 의심과 논란이 있었다. 양전자라고 부르는 입자의 존재에 관한 문제가 있었다.

양전자는 양성자와 똑같은 양전하를 갖고 있다는 사실 외에는 전자와 똑같다. 양전자들은 양성자들보다 훨씬 가볍지만 다른 모든 것은 똑같다. 양성자들은 양전자들로 전환될 가능성이 훨씬 높다. 물리적 계들이 가장 낮은 에너지 상태를 추구한다는 것은 물리학의 심오한 원리이다. 질량이 적다는 것은 에너지가 적다는 것을 의미한다.

이제 어느 누구도 양성자들이 영원하다고 말하지 않는다. 따라서 물리학자들은 양성자의 붕괴를 금지하는 자연의 법칙이 있다고 단순히 믿고 있다. 최근까지 이 문제는 전혀 이해되지 못했다. 그러나 1970년대 후반에 이르러, 핵력이 작용해 입자들을 다른 입자로 양자역학적으로 변환시키는 방법에 관한 보다 깨끗한 그림이 등장했다.

최근의 이론들도 양성자 붕괴를 금지하는 법칙이 자연스러운 현상이라고 말하지만, 동시에 이 자연 법칙이 100퍼센트 효과적인 것은 아니라고 예측한다. 양성자가 정말 양전자로 변환될 수 있는 아주 작은 확률이 있을 수 있다.

양성자는 질량의 일부분은 π 중간자와 같은 전기적으로 중성인 입자의 형태로, 또 다른 일부는 운동 에너지의 형태로 방출하면서 붕괴될 것이다(붕괴로 생성된 입자들은 고속으로 움직일 것이다.).

가장 간단한 이론적 모델로 계산한 결과 양성자가 붕괴하는데 필요한 평균 시간은 10^{28}년이었다. 이 시간은 우리 우주의 나이보다 10억의 10억 배나 긴 시간이다. 그러므로 양성자 붕괴는 순수한 학문적 호기심거리로 남을 것이다. 하지만 그 과정이 양자역학 고유의 확률적 성격을 지님을 기억해야만 한다.

10^{28}년은 예상 평균 수명으로서 각 양성자의 실제 수명은 아니다. 충분한 양의 양성자들이 주어지면 당신은 그중 하나가 당신 눈앞에서 붕괴하는 것을 보는 행운을 누릴 수도 있다. 실제로 10^{28}개의 양성자들이 있으면 대충 1년에 1개의 양성자가 붕괴하리라 예상할 수 있으며, 10^{28}개의 양성자들은 10킬로그램의 물질에 포함되어 있다.

공교롭게도 그동안의 양성자 수명은 앞서의 학설이 관심을 끌기 전에는 이미 실험상에서 배제되었다. 그러나 다른 형태의 학설은 양성자의 수명이 10^{30}년이나 10^{32}년, 혹은 더 길 것이라고 했다(어떤 학설들은 길고 긴 10^{80}년으로 예측한다). 보다 작은 값들은 실험적인 검증 가능성의 가장자리에 놓여 있다.

10^{32}년이라는 붕괴 시간은 사람이 일생 동안에 신체 중에 있는 1개나 2개의 양성자를 잃을 수도 있음을 의미한다. 그러나 어떻게 그토록 드물게 일어나는 사건들을 검출할 수 있을까?

이에 대해 수천 톤의 물질을 모아 놓고, 양성자 붕괴에 따른 생성물에 의해 반응하도록 조정된 민감한 검출기를 여러 달 동안 관찰하는 실험 기법이 채택되었다. 불행하게도 양성자 붕괴를 찾으려는 연구는 건초더미에서 바늘을 찾는 일처럼 불가능해 보였다.

그러한 붕괴들은 우주선(cosmic ray)의 생성물에 의해서 일어나는 굉장히 많은 유사한 사건들에 가려지기 때문이다. 지구에는 우주 공간에서 날아오는 고에너지 입자들이 연속적으로 쏟아지고 있으며, 이 입자들이 항상 아원자 입자 파편의 배경 현상을 만들어 내고 있다. 이 간섭 현상을 줄이기 위해서 실험은 깊은 지하에서 수행될 필요가 있다.

오하이오 주 클리블랜드 시 인근의 암염 광산 지하 1킬로미터에 그러한 실험 장치 하나가 설치되었다. 검출기로 에워싼 육면체의 탱크에 초고순도의 물 1만 톤이 들어 있다. 가능한 한 한꺼번에 많은 양성자들을 검출기에 노출시키기 위해 투명한 물이 선택된 것이다.

그 아이디어는 이러하다. 즉 많은 과학자들이 수긍하는 이론의 예상대로 양성자가 붕괴한다면, 설명된 바와 같이 전기적으로 중성인 파이온(π^0)과 양전자가 생성된다. 파이온은 대개 매우 큰 에너지를 갖는 2개의 광자나 감마선으로 재빨리 붕괴한다. 마지막으로 이 감마선들은 물 속에서 원자핵과 충돌해 각각 에너지가 매우 큰 전자-양전자 쌍을 창조한다. 사실 이들 2차 생성물인 전자들과 양전자들은 에너지가 매우 커 물 속에서도 거의 광속에 가까운 속력으로 여행할 것이다.

빛은 진공에서 초속 30만 킬로미터로 여행한다. 이 속도는 모든 입자들이 운동할 수 있는 한계 속도이다. 여기서 물은 빛의 속도를 초속 23만 킬로미터로 늦추는 효과를 보인다. 그러므로 물 속에서 초속 30만 킬로미터에 가까운 속도로 움직이는 고속의 아원자 입자는 물 속을 통과하는 빛보다 실제로 빨리 여행한다. 비행체가 소리보다 빨리 날아갈 때, 초음속 돌파 충격음이 난다.

이와 유사하게, 매질을 통과하는 빛보다 더 빨리 매질을 여행하는 대전된 입자는 러시아 인 발견자의 이름을 딴 체렌코프 복사(Cherenkov radiation)로 알려진 선명한 전자기 충격파를 일으킨다. 따라서 오하이오의 실험 장치는 체렌코프 복사의 섬광을 찾을 수 있는 빛에 민감한 검출기를 모아 놓은 것이다.

우주 중성미자들과 다른 의심스러운 아원자 조각에서 발생한 양성자 붕괴를 구분하기 위해서 실험학자들은 구분할 수 있는 표지를 찾는다. 즉 정반대 방향으로 움직이는 전자-양전자 쌍에 의해 방출되는, 등을 맞댄 듯한 동시적인 체렌코프 복사 및 펄스를 찾는다.

불행하게도, 오하이오에서 여러 해 동안 실험을 수행했지만 양성자 붕괴의 증거를 확인하는 데에는 실패했다. 그렇지만 4장에서 언급한 바와 같이, 이 검출 장치는 초신성 1987A로부터 날아온 중성미자들을 잡아냈다(과학에서는 흔한 일이지만, 한 가지 사실을 추구하다가 예상치 못한 또 다른 발견을 하는 경우가 종종 있다.).

이와 다른 설계를 사용한 다른 실험 장치에서도, 이 책을 쓰고 있는 시간까지는 아무런 성과를 거두지 못했다. 이와 같은 결과는 양성자들이 붕괴하지 않는다는 사실을 의미한다. 다른 한편, 양성자들이 붕괴하긴 하지만 그들의 수명이 10^{32}년보다 길다는 것을 의미할지도 모른다.

이보다 훨씬 느린 붕괴율을 측정하는 것은 오늘날의 실험적 가능성을 능가해, 아마도 양성자 붕괴에 대한 평결은 가까운 미래의 과제로 남을 것이다.

양성자 붕괴에 대한 연구는 다양한 통일장 이론에 관한 이론적 연구에 의해 자극받았다. 통일장 이론의 목표는 강한 핵력(원자핵 내부에서 양성자들과 중성자들을 함께 묶어 주는 힘)을 약한 핵력과 전자기력과 함께 통합하려는 데에 있다.

양성자 붕괴는 이 힘들의 미세한 상호 작용의 결과로 일어날 것이다. 그러나 이 통일장 개념이 잘못으로 판명된다고 하더라도 4장에서 이야기한 자연의 기본적인 힘인 중력을 포함한 또 다른 경로를 통해 양성자들이 붕괴할 가능성은 남아 있다.

중력이 어떻게 양성자 붕괴를 초래할 수 있는가를 알아보기 위해, 양성자가 점의 형태를 한 진짜 기본 입자가 아니라는 사실을 고려해 볼 필요가 있다. 양성자는 실제로 쿼크라고 부르는 3개의 보다 작은 입자들로 구성된 복합체이다. 대부분의 시간 동안 양성자의 지름은 약 10조분의 1센티미터이며, 이 거리는 쿼크 사이의 평균 거리이다.

하지만 쿼크들은 정지해 있지 않으며, 양자역학적 불확정성에 기인해 양성자 내부에서 끊임없이 옮겨 다닌다. 때때로 2개의 쿼크는 서로 매우 가까이 접근할 것이다.

훨씬 더 드물게는 3개의 쿼크 모두가 매우 가까이 근접해 있을 수도 있다. 쿼크들이 매우 가깝게 접근하면, 정상적인 경우 완전히 무시할 수 있었던 그들 사이의 중력이 다른 모든 힘을 압도할 수 있다.

이런 일이 일어난다면, 쿼크들은 함께 매우 작은 블랙홀을 만들 것이다. 실제로 양성자는 양자역학적 투과에 의해, 스스로의 중력에 의해 붕괴한다. 결과적으로, 생성된 조그만 블랙홀은 매우 불안정해—호킹 과정을 기억해 보자.—양전자들을 만들어 내면서 순간적으로 사라진다.

이 과정을 통한 양성자 붕괴의 수명에 대한 평가는 매우 불안정하여, 10^{45}년에서부터 10^{220}년에 이르기까지 아주 다양하다.

그토록 안정적이라고 믿었던 양성자들이 아주 오랜 시간 뒤에 붕괴한다 한다면, 우주의 미래는 심각하다. 모든 물질은 불안정하며 궁극적으로는 사라질 것이다. 블랙홀에 빨려들지 않은 행성과 같은 고체 물체들은 영원히 지속되지는 않을 것이다. 그들은 매우 천천히 증발할 것이다. 양성자의 수명이 10^{32}년이라면, 지구는 매 초마다 1조 개의 양성자를 잃는 셈이다. 우리의 행성이 다른 일로 인해 파괴되지 않는다면 이 양성자 붕괴 속도에 따라 10^{33}년쯤 후에는 완전히 자취를 감출 것이다.

중성자별들도 이 과정을 피할 수 없다. 중성자들도 3개의 쿼크로 구성되어 있으며, 양성자의 소멸과 유사한 메커니즘을 통해 가벼운 입자들로 변환될 수 있다(독립되어 있는 중성자들은 어떤 경우든 불안정하며 약 15분 만에 붕괴한다.).

백색 왜성, 암석, 먼지, 혜성, 희미한 가스 구름, 그리고 모든 다른 자질구레한 천체 물질들도 마찬가지로 때가 되면 다 사라져 갈 것이다. 현재 우주에 흩어져 있는 10^{48}톤의 보통 물질(우리가 관찰할 수 있는 물질)들은 블랙홀들에 빨려들거나, 또는 느리게 진행되는 원자핵 붕괴를 통해 모두 사라질 운명에 처해 있다.

물론 양성자들과 중성자들은 붕괴하면서 입자들을 낳는다. 따라서 우주는 아무 물질도 없는 완전히 빈 허공으로 남아 있지는 않을 것이다. 예를 들면, 앞에서 언급한 과정에 따른 양성자 붕괴는 양전자와 중성 파이온을 남긴다. 파이온은 매우 불안정해 곧바로 2개의 광자, 또는 전자-양전자 쌍으로 붕괴한다. 양성자 붕괴를 통해 우주에 존재하는 양전자의 양은 점진적으로 늘어난다.

물리학자들은 우주에 있는 양전기로 대전된 입자들(현재는 주로 양성자들)의 전체 숫자가 음전기로 대전된 입자들(주로 전자들)의 숫자와 똑같다고 믿고 있다. 이 사실은 어느 날 모든 양성자들이 붕괴해 똑같은 수의 전자들과 양전자들이 섞여 있게 됨을 의미한다.

그런데 양전자는 전자의 반입자(反粒子)이다. 양전자가 전자를 만났을 때 서로 소멸하는 현상은 실험실에서 쉽게 볼 수 있는 과정으로, 광자 형태의 에너지를 방출한다.

먼 미래에 우주에 남아 있는 양전자들과 전자들이 서로 작용해 완전히 소멸될까, 아니면 언제까지나 소량이 남아 있을까를 결정하려는 계산이 수행되어 왔다. 소멸은 갑작스레 일어나는 것은 아니다. 그 대신 우선 1개의 전자와 1개의 양전자가 상호 전기적 인력으로 속박되어 그들의 공통 질량 중심을 선회하는 포지트로늄(positronium)이라는 소형 원자를 형성한다. 그리고는 두 입자가 함께 나선형을 그리며 소멸한다. 나선형을 그리며 소멸되는 데 걸리는 시간은 포지트로늄을 형성할 때의 전자와 양전자 사이의 거리에 달려 있다. 실험실에서는 포지트로늄이 1초의 아주 짧은 시간 동안에 붕괴하지만, 외부 공간에서는 그것들을 교란할 작용이 거의 없으므로, 전자들과 양전자들은 거대한 궤도를 선회하도록 결합될 수 있다.

대부분의 전자들과 양전자들이 포지트로늄을 형성하는 데는 10^{71}년이 걸릴 것으로 평가되나, 대다수의 이러한 경우에 있어서 그것들의 궤적은 지름이 수조 광년이 될 것이다. 입자들이 매우 느리게 움직여 1센티미터를 이동하는 데는 100만 년 정도 걸릴 것이다. 전자들과 양전자들은 매우 느리게 움직이기 때문에 나선형 운동에 걸리는 시간은 놀랍게도 10^{116}년이나 된다. 그럼에도 불구하고, 이 포지트로늄 원자들의 최종 운명은 그것들이 형성될 때 결정된다.

흥미롭게도 모든 전자들이나 양전자들이 다 소멸할 필요는 없다. 전자들과 양전자들이 서로의 반입자들을 찾는 동안 이 입자들의 밀도는 꾸준히 줄어든다. 소멸의 결과이기도 하지만, 꾸준히 진행되는 우주 팽창 때문이기도 하다. 시간이 흘러감에 따라 포지트로늄의 형성은 점점 더 어려워진다. 따라서 비록 물질의 조그만 잔존물이 서서히 줄어들긴 하지만, 아무리 시간이 지나도 완전히 사라지지는 않는다. 각각의 입자들은 무한히 증대되는 빈 공간에서 외로이 남겨진다. 하지만 언젠가, 어디선가는 자신의 짝인 전자나 양전자들이 발견될 것이다.

우리는 이제 이렇게 완만하게 진행되는 과정들이 완료될 때 우주가 어떤 형상일까 그림을 그릴 수 있다. 첫째, 언제나 있어 온 우주 배경이 대폭발의 잔존물로 존재할 것이다. 이것은 광자들과 중성미자들로 구성되어 있다. 물론 그 안에는 우리가 아직 알지 못하는 몇 가지의 다른 완전히 안정된 입자들이 있을지도 모르겠다. 이 입자들의 에너지는 우주가 팽창함에 따라 감소해 완전히 무시할 수 있는 배경을 형성할 것이다.

우주의 보통 물질은 사라질 것이며, 모든 블랙홀들은 증발할 것이다. 블랙홀이 갖는 질량의 대부분은 광자가 되겠지만, 일부분은 중성미자의 형태로, 블랙홀들이 최종적으로 폭발하는 동안 방출된 아주 작은 부분은 전자들, 양성자들, 중성자들, 보다 무거운 입자들의 형태로 존재할 것이다. 보다 무거운 입자들은 모두 급격히 붕괴하며, 중성자들과 양성자들은 보다 느리게 붕괴해, 오늘날 우리가 보는 보통 물질의 마지막 잔재인 약간의 전자들과 양전자들을 남긴다.

이리하여 매우 먼 미래의 우주는 광자들, 중성미자들, 그리고 숫자가 줄어들며 서서히 거리가 멀어지고 있는 전자들과 양전자들로 뒤섞인, 알아볼 수 없을 정도로 뒤죽박죽 섞인 수프가 될 것이다. 우리가 알고 있는 물리적 과정들은 더 이상 일어나지 않는다. 우주는 예정된 운명을 따라 조용히 영생(永生)을 맞이하게 된다. 이 우주의 황무지화를 방해할 어떤 중요한 사건도 일어나지 않을 것이다. 어쩌면 이 영생은 영원한 죽음이라는 표현이 더 적절할 것이다.

싸늘하고 침침하고 모양이 없는 무(無)에 가까운 이 암울한 형상은 19세기 물리학의 '열적 죽음(heat death)'을 생각나게 한다. 긴 시간을 걸쳐 현대 우주론은 19세기 물리학과 비슷한 이야기를 하게 되었다. 우주가 이런 상태로 전락하기까지 걸리는 시간은 너무나 길어 인간의 상상력을 허용하지 않을 것이다. 그것은 무한히 허용된 시간의 일순간에 지나지 않는다. 영원은 긴 시간이다.

우주의 붕괴는 인간의 시간 개념을 초월한, 너무 장대한 시간에 걸쳐 일어나는 일이므로 사실상 우리에게 아무런 의미가 없다. 그럼에도 불구하고, 사람들은 여전히 "우리의 후손들에게 어떤 일이 일어날 것인가?"라며 궁금해한다. 천천히 진행되긴 하지만, 어쩔 수 없이 종말을 고할 우주에서 그들의 운명은 어떻게 될까? 과학이 예측하는 대로 된다면, 미래 우주에서는 어떤 형태의 생명체든 결국 종말을 맞을 수밖에 없을 것이다. 그러나 죽음이란 그렇게 단순한 게 아니다.

과학 기술의 진보와 이에 따른 위기를 성찰하는 국제 기구인 로마 클럽은 1972년 『성장의 한계(*The Limits to Growth*)』라는, 인류 미래에 관한 우울한 예측이 담긴 보고서를 발표했다. 그들이 주장하는 절박한 재난들 중에는 전 세계의 화석 연료가 몇십 년 안에 고갈되리라는 예측이 있었다. 그로 인해 사람들은 경각심을 갖게 되었고, 원유값이 급등했으며, 대체 에너지 연구가 활발해졌다.

지금 우리는 1990년대에 살고 있지만, 화석 연료가 곧 고갈될 것이라는 아무런 징후도 없다. 결과적으로 경종이 안심으로 바뀌었다. 그러나 불행히도 자원은 유한하며, 일정한 비율로 영원히 사용할 수 없음은 간단한 산술을 통해서도 알 수 있다. 머지않아 에너지 위기가 엄습해 올 것이다. 지구상에 거주하는 인구에 대해서도 비슷한 결론을 내릴 수 있다. 즉 인구가 무한정 늘어날 수는 없다.

어떤 비관론자들은 꼬리를 물고 일어나는 에너지 부족과 인구 과잉의 재난들이 갑자기 인류를 멸종시킬 것이라고 믿고 있다. 하지만 화석 연료의 고갈과 인류의 멸종이 나란히 일어날 가능성은 없다. 만일 우리에게 이용하려는 의지와 재능이 있다면, 우리 주위에는 막대한 에너지 자원이 있다. 그중 가장 두드러진 것이 태양의 빛으로, 우리의 목적을 충분히 달성하고도 남을 만큼 풍부하다. 어려운 문제는 대량 기아가 일어나기 전에 인구 증가율을 억제하는 일이다. 이를 위해서는 과학적 기술 개발보다는 사회적 · 경제적 · 정치적 수완이 요구된다.

하지만 화석 연료의 고갈로 인한 어려운 에너지 문제의 고비를 극복할 수 있고, 큰 재난 없이 인구를 안정화할 수 있으며, 생태학적 파괴와 소행성 충돌로 인한 피해를 통제할 수 있다면 인류는 번영할 것이라고 나는 믿는다. 인류의 번영과 발전을 제한하는 자연 법칙은 하나도 없다.

나는 앞의 여러 장에서, 믿을 수 없을 정도로 긴 시간 동안 서서히 진행되는 물리적 과정의 결과로 우주의 구조가 어떻게 변하는지를 설명했다. 인류를 정의하는 기준에 따라 다르겠지만, 인류가 지구상에 등장한 지는 기껏해야 500만 년 정도밖에 안 된다. 그리고 문명이 발상한 지는 단지 몇천 년에 지나지 않는다. 생명의 역사는 인류의 그것과 비교되지 않는다. 지구에 생명이 존재한 시간은 20억 년, 또는 30억 년 정도이다. 물론 그동안 유한한 숫자의 생물들이 태어났다 죽었다.

이러한 시간은 어떻게 상상하더라도 방대한 시간이다. 실제로는 무한대로도 생각할 수 있는 긴 시간처럼 보인다. 그러나 우리는 10억 년이란 시간이 엄청난 천문학적 · 우주론적 변화의 시간 규모와 비교해 볼 때 단순히 일순간에 지나지 않음을 보았다. 또 지구와 같은 주거 환경이 10억 년의 10억 배 시간 동안 우리 은하 어딘가 다른 곳에도 있을지 모르는 일이다.

우리는 이용할 수 있는 방대한 시간 동안 우주 탐험 기술을 발전시키고 과학 기술을 놀라운 수준으로 개량할 인류의 후손들의 활동을 선명하게 그려 볼 수 있다. 그들은 태양이 지구를 불로 그을려 바삭바삭하게 만들기 전에 지구를 떠날 충분한 시간을 가질 것이다.

그들은 생존이 적합한 다른 행성을 찾을 수 있을 것이며, 그러고는 계속해서 또다시 거주할 수 있는 다른 행성들로 옮겨 살아갈 것이다. 우주 공간으로 새로운 삶의 터전을 개척해 감으로써 인구도 역시 팽창할 것이다. 20세기에 전개되고 있는 생존을 위한 우리의 투쟁이 궁극적으로는 헛되지 않을 것이라는 사실을 깨달으니 조금은 안심이 되는가?

나는 2장에서, 러셀이 열역학 제2법칙의 결론 때문에 극도로 우울한 감정에 젖어, 태양계의 종말로 인해 인간 존재가 말살된다는 사실을 고뇌에 찬 용어로 서술했음을 언급했다. 러셀은 분명히 우리의 주거 환경이 필연적으로 소멸한다는 사실은 인생을 무의미한 것, 또는 심지어 시시한 것으로까지 만든다고 느꼈다. 이 믿음은 확실히 그를 무신론자로 만들었다.

블랙홀의 중력 에너지가 태양 에너지의 몇 배가 되며, 태양계가 분해된 이후에도 수조 년 동안 지속된다는 사실을 알았다면 러셀은 좀 더 나은 느낌을 가졌을까? 아마도 그렇지 않았을 것이다. 중요한 것은 실질적인 우주의 지속 시간이 아니라, 머지않아 우주가 생명체가 살 수 없는 곳이 된다는 생각이다. 이런 생각으로 인해 일부 사람들은 우리의 존재가 무의미하다고 느끼게 된다.

7장 끝부분에서 내가 언급한 우주의 미래를 못마땅해할 수도 있다. 그것보다 안 좋은 상황은 거의 상상할 수 없다고 생각할지도 모른다. 하지만 우리는 맹목적이 되거나 아니면 비관적이 될 필요는 없다. 인류가 저밀도의 전자들과 양전자들의 수프로 구성된 우주에서 생존을 유지한다는 것이 어려울 것이란 점은 의심의 여지가 없다. 그러나 중요한 문제는 우리와 같은 인류가 불멸할 것이냐 그렇지 않을 것이냐가 아니라, 우리의 후손들이 과연 살아남을 수 있겠느냐이다. 그런데 분명한 것은, 우리의 후손들은 오늘의 인류와 같지 않다는 것이다.

인류라는 생물종은 생물학적 진화로 지구상에 나타났다. 그러나 진화의 과정은 우리의 활동성에 따라 빠르게 수정되었다. 우리는 이미 자연선택에 간섭하고 있다. 유전공학 역시 점점 발전해 가고 있다. 우리는 곧 직접적인 유전자 조작을 통해 새로운 인류를 설계해 낼 수 있을지도 모르겠다. 이러한 생명공학 기술은 현대 기술 사회에서 단 수십 년 만에 생겨났다. 이런 과학과 기술이 수천 년, 아니 수백만 년 동안 계속 발전할 경우 어떤 일을 달성해 낼지를 상상해 보라.

지난 수십 년 동안 인류는 지구를 떠나 가까운 우주 공간으로의 모험을 할 수 있게 되었다. 무궁한 시간에 걸쳐 우리의 후손들은 지구를 넘어 더 넓은 태양계로 진출할 수 있을 것이며, 또 은하계 내부의 다른 항성계에도 진출할 수 있을 것이다. 사람들은 종종 그런 일의 시작에는 무한히 긴 시간이 걸릴 것이라고 잘못 이해하고 있다. 사실은 그렇지 않다. 우주 식민지 개척은 아마 다음과 같이 희망적으로 진행될 것이다.

우주 식민지 개척자들은 몇 광년이나 떨어진 적절한 행성을 향해 지구를 떠날 것이다. 그들이 광속에 가까운 속도로 여행할 수 있다면 그곳에 도착하는 데 몇 년밖에 걸리지 않을 것이다. 설령 우리의 후손들이 광속—충분히 달성할 수 있는 적당한 속도—의 불과 1퍼센트 정도로밖에 여행할 수 없다고 하더라도 여행 기간은 몇 세기에 지나지 않을 것이다.

새로운 식민지의 실질적인 건설을 끝마치는 데는 몇 세기가 더 걸릴지도 모른다. 그동안에 처음 식민지 개척자들의 후손들은 더 멀리 떨어진 또 다른 적절한 행성을 찾아 탐험을 떠날 수도 있다. 또 몇백 년이 지나면 그 다음 행성이 식민지화될 것이고, 몇백 년이 다시 흐르면 또 다른 행성이 식민지화될 것이다. 폴리네시아인들이 중부 태평양 섬들을 식민지화한 과정이 바로 이러한 방식이었다.

빛이 은하를 가로지르는 데는 10만 년 정도 걸린다. 따라서 광속의 1퍼센트 속도로 여행할 때 전체 여행 시간은 1000만 년이 된다. 10만 개의 행성들이 이와 같은 방식으로 식민지화될 때, 각 행성에 식민지가 건설되는 데는 2세기가 걸리며, 전체 시간은 은하 식민지화 시간 규모의 3배 정도에 지나지 않는다. 그러나 3000만 년은 천문학적, 또는 지질학적 기준에서는 매우 짧은 시간이다. 태양이 은하계에서 단 한 번 궤도 운동을 하는 데 약 2억 년이 걸린다. 이것은 지구에 생명체가 등장해 지금까지 살아오는 동안 태양이 은하 중심 주위를 17번밖에 돌지 않았다는 이야기이다.

태양의 나이가 지구를 심각하게 위협하는 데는 20억 년이나 30억 년이 걸릴 것이다. 따라서 3000만 년 동안 천문학적 변화는 거의 일어나지 않을 것이다. 결론적으로 말해 우리의 후손들은 지상의 생명체가 기술 사회로 진화하는 데 걸린 시간에 비해 아주 짧은 시간 안에 은하를 식민지화할 수 있을 것이다.

우리의 후손인 식민지 개척자들은 어떤 모습일까? 상상력의 날개를 활짝 펴 보면, 식민지 개척자들은 식민지화하기로 한 행성에 쉽게 적응할 수 있도록 유전공학적으로 만들어져 있으리라 추측할 수 있다. 간단한 예를 들어 보면, 지구와 같은 행성이 입실론 에리다니(Epsilon Eridani) 별 근처에서 발견되었는데, 대기의 산소가 10퍼센트밖에 되지 않는다면, 식민지 거주자들은 보다 많은 적혈구를 갖도록 기술적으로 개조될 수 있을 것이다. 새로운 행성의 표면 중력이 지구보다 세다면, 그들은 보다 견고한 몸과 강한 뼈를 갖도록 만들어질 것이다. 모두가 이런 식으로 계속될 것이다.

여행을 마치는 데 몇 세기가 걸린다고 해도 현재 문제가 될 것은 없다. 우주선이 방주(方舟)처럼 건설될 수 있을 것이다. 이것은 여러 세대에 걸친 여행이 가능하도록 완벽한 자급자족 생활이 가능한 환경이 갖추어진 방주이다. 아니면 여행을 하는 동안 식민지 개척자들이 깊은 냉동 수면 상태로 있을 수도 있다. 실제로 짐들 사이에 수백만 개의 냉동 수정란을 실은 소형 우주선을 보내는 것이 그럴듯해 보일지 모르겠다. 이 냉동 수정란이 도착해 부화한다면, 긴 시간에 걸쳐 많은 수의 성인들을 수송해야 하는 논리적 · 사회적 문제 없이 일시에 많은 사람을 식민지에 살게 할 수 있다.

무한한 시간에 걸쳐 일어날 수 있는 일들을 또다시 생각해 볼 때, 이 식민지 개척자들이 인간의 외모와 정신까지 가져야 할 어떤 이유도 없다. 생명체가 다양한 필요에 따라 공학적으로 만들어질 수 있다면, 각 탐험에서 수행해야 할 일에 적합한 신체와 정신 구조를 갖는, 목적에 맞게 설계된 신체로 진화할 수 있을 것이다.

또한 식민지 개척자들이 보통 생각하는 것처럼 살아 있는 유기체일 필요도 없다. 이미 실리콘 소자(素子)로 만든 마이크로 프로세서를 인간에게 이식할 수 있게 되었다. 이 기술이 더욱 발전하면, 유기적인 부품과 인공적인 전자 부품의 합성품이 우리의 생체 기관이나 뇌를 대체할 수 있을 것이다.

예를 들면, 오늘날 컴퓨터에서 이용되는 보조 기억 장치와 비슷한, 인간 두뇌에 기억을 고정시키는 기술이 가능해질지도 모른다. 역설적으로 말해, 컴퓨터 기능을 수행하는 데 필요한 고체 상태의 장치를 생산하기보다는 유기체 물질을 채용하는 것이 보다 효율적임이 곧 판명될지도 모른다. 그렇게 되면 컴퓨터 부품을 생물학적으로 '성장(grow)'시키는 일이 가능할 것이다.

더욱 그럴듯한 일은, 많은 업무들에 있어서 디지털 컴퓨터들이 신경망에 의해 대체될 것이다. 이미 오늘날에도 신경망들은 인간의 지능을 흉내 내고 경제 활동을 예측하는 데 디지털 컴퓨터 대신에 사용되고 있다. 두뇌 조직의 작은 조각으로부터 유기체 신경망을 성장시키는 것이 처음부터 제조해 내려는 노력보다 더욱 실현 가능성이 있는 일인지도 모른다.

유기적인 망과 인공적인 망이 혼합된 공생하는 조직 체계를 만들어 내는 일이 더욱 그럴듯할지도 모르는 일이다. 10^{-9}미터의 세계를 다루는 나노 기술의발전으로 생물과 무생물, 자연적인 것과 인공적인 것, 두뇌와 컴퓨터의 구분이 점점 모호해질 것이다.

현재로서는 이러한 사색은 공상 과학의 영역에 속한다. 그러한 내용들이 과학적 사실이 될 수 있을까? 결국 상상할 수 있다고 해서 그것이 실현되지는 않는다. 하지만 우리는 자연적 과정에 적용했던 것과 똑같은 원리들을 기술적 과정에도 적용할 수 있다. 즉 충분히 긴 시간이 주어지면 일어날 가능성 있는 일들은 언젠가 일어난다.

인류, 또는 그 후손들에게 충분한 의지만 있으면(만약이라는 대전제 조건이 있기는 하지만) 기술은 오직 물리적 법칙에만 제한을 받을 것이다. 한 세대의 과학자들에게는 힘겨운 일이겠지만 100세대, 또는 1,000세대, 아니 100만 세대 동안 수행해 나간다면 거의 모든 과학 기술적 문제들을 해결할 수 있을 것이다.

우리가 살아남을 수 있으며, 우리의 기술을 한계점에 이를 때까지 계속 발전시킬 수 있다는 낙관론을 잠시 믿어 보자. 우주 탐험은 무슨 의미가 있을까? 우리가 로봇이든 안드로이드든 지성체를 목적에 따라 설계하고 제조할 수 있게 되면 우리가 갈 수 없는 곳에 지금은 생각할 수도 없는 업무를 수행하도록 대리인을 보낼 수 있게 될 것이다. 비록 이 존재들이 인간이 시작한 기술 개발의 최종 산물일지는 모르지만, 그것들 자체는 인간이 아닌 것이다.

우리가 이 불가사의한 존재들의 주인일 수 있을까? 많은 사람들은 그러한 괴물들이 인간의 역할을 대신한다는 데에 대해 극도의 불쾌감을 느낄지도 모른다. 생존을 위해서 유전공학적으로 만들어진 유기체적인 로봇에게 자리를 내주어야 한다면, 아마도 우리는 소멸을 선택할 것이다.

그러나 인류의 죽음이 우리를 우울하게 한다면, 우리는 우리가 보존하고자 하는 것들이 인류에게 무슨 의미가 있을까를 정확히 알고 싶은 의문을 갖게 된다. 확실히 그것은 우리의 육체적 형상은 아닐 것이다. 말하자면, 지금부터 100만 년 안에 우리의 후손들이 그들의 발가락을 잃어버릴지도 모른다는 사실이 우리를 진실로 혼란스럽게 할까? 보다 짧은 다리, 또는 보다 큰 머리와 뇌를 가진 형상은 어떤 느낌을 줄까? 결국 우리의 육체적 형태는 지난 수 세기 동안 조금씩 변해 왔다. 오늘날 어떤 민족 그룹은 폭넓은 다양성을 보이고 있다.

글로 쓸 때, 나는 대부분의 사람들이 우리의 예술적, 과학적, 그리고 지성적 성취의 산물인 문화, 가치들, 명료한 정신 구조 등, 우리가 인간 정신이라고 부르는 것을 상당히 중하게 여긴다는 생각이 든다. 이것들은 확실히 보존하여 영속적으로 간직할 가치가 있다. 우리의 본질적인 인간성을 후손들에게 전수할 수만 있다면, 그들의 신체적 형상이 어떠하든 간에 가장 중요한 것들의 생존이 확보될 것이다.

물론 전 우주로 개척해 나갈 수 있는 인간과 같은 생물을 창조할 수 있을지는 상상력에 크게 달려 있다. 다른 어떤 것과도 완전히 별개로 인간이 그러한 거대한 사업적 동기를 상실하거나, 경제적 · 생태학적, 또는 다른 재앙들이 우리가 본격적으로 지구를 떠나기 전에 우리의 죽음을 초래할지도 모른다. 외계의 생명체들이 우리보다 한 발짝 앞서서 이미 적절한 행성들을 대부분 식민지화했을 수도 있다.

확실히 지구는 아직까지 식민지화되지 않았다. 그러나 우리 후손들이나 어떤 외계인들의 후손들에게 우주 식민지를 개척하라는 임무가 주어지고 그들이 전 우주로 퍼져 나가 우주 전체를 기술을 통해 통제하게 될지도 모른다는 상상은 생각만 해도 환상적이다. 또 그렇게 우수한 생명체가 서서히 쇠퇴해 가는 우주에 어떻게 맞설지도 상당히 궁금해진다.

7장에서 논의한 것처럼 물리적 붕괴에 걸리는 시간은 너무나 길기 때문에, 오늘날 지구의 과학 기술이 매우 먼 미래에 어떤 식으로 발전할지를 추측하려는 것은 쓸모없는 일이다. 이 세상 어느 누가 1조 년 뒤의 기술 사회를 상상할 수 있겠는가? 모든 것을 할 수 있을 것처럼 보일지도 모르겠다. 그렇지만 아무리 진보한 어떤 기술이라도 물리학의 기본 법칙들을 따라야만 할 것이다. 예를 들어, 어떤 물체의 속도도 빛의 속도를 능가할 수 없다는 상대성 이론이 옳다면, 기술 개발이 1조 년 동안 계속된다고 하더라도 광속의 장벽을 깨려는 시도는 실패할 것이다.

보다 진지하게 말해 볼까. 모든 의미 있는 활동이 최소한의 에너지를 사용할 수밖에 없다면, 우리의 후손들이 자유롭게 사용할 수 있는 에너지원은 계속적으로 줄어들 것이다. 결과적으로 기술 공동체가 아무리 진보했다고 하더라도 우주 에너지원의 고갈은중대한 위협이 될 것이다.

지각이 있는 존재에 대한 가장 폭넓은 정의에 기본적인 물리적 원리들을 적용함으로써, 우리는 먼 미래에 진행될 우주의 쇠퇴가 그들의 생존에 진실로 어떤 장애로 나타나는지를 검토할 수 있다. '지각이 있는' 이란 뜻은 그 존재가 최소한 정보를 처리할 수 있어야 한다는 것이다. 사고와 경험은 둘 다 일종의 정보 처리 과정이다. 그렇다면 이 정보 처리 과정은 우주의 물리적 상태에 어떤 영향을 끼칠까?

정보 처리 과정의 특성은 에너지 소모가 수반된다는 사실이다. 필자가 이 책을 쓰고 있는 동안에도 내 컴퓨터가 전기 콘센트에 연결되어 있어야 하는 것도 그 때문이다. 정보 한 조각을 처리할 때 소비되는 에너지의 양은 열역학적으로 계산할 수 있다. 에너지 손실은 그 정보 처리 장치가 주변 환경의 온도와 비슷한 온도에서 작동할 때 가장 적다.

인간 두뇌와 대다수의 컴퓨터들은 매우 비효율적으로 작동하는 편이다. 열에너지로 상당히 많은 에너지를 낭비한다. 예를 들면, 두뇌는 우리 몸에서 발생하는 열의 상당 부분을 차지하며, 많은 컴퓨터들은 녹아내리지 않기 위해서 특별한 냉각 장치를 필요로 한다. 이 같은 열 소비의 원천은 정보 처리 과정이 작동하는 논리 자체에서 더듬어 볼 수 있다.

이 논리는 정보를 버리는 과정을 필요로 한다. 예컨대, 컴퓨터가 1+2=3이라는 연산을 수행한다면, 두 비트의 입력 정보(1과 2)가 한 비트의 출력 정보(3)로 대치된다. 한 번 계산이 수행되면 컴퓨터는 입력 정보 2비트 중 1비트를 버린다.

사실 기계는 자체의 기억 저장소가 막히는 것을 방지하기 위해서 언제나 불필요한 정보를 버려야만 한다. 지우는 과정은 그 정의에 따라 되돌릴 수 없는 과정이다. 따라서 엔트로피의 증가를 수반한다. 정보 수집과 처리가 이용 가능한 에너지를 불가역적으로 소모한다는 것은 아주 근본적인 이유 때문이다. 정보 처리는 에너지 소모를 피할 수 없으며, 우주의 엔트로피를 증대시킨다.

다이슨은 우주가 열적 죽음을 향해 식어 감에 따라 오직 사고를 하는 데만 일정한 비율로 에너지를 소진할 수밖에 없는, 지각 있는 존재들의 사회가 직면한 한계를 곰곰 생각해 보았다.

첫 번째 한계는 그 존재들이 주위 환경보다 고온 상태에 있어야만 한다는 것이다. 그렇지 않으면 소비된 열이 그것들로부터 흘러나오지 않을 것이다. 두 번째 한계는 물리 법칙들이 물리적 계가 주위 환경으로 방출하는 에너지 복사율을 제한한다는 것이다.

분명히 그것들이 에너지를 빨리 소비한다면 그것들은 오랫동안 작동할 수 없다. 이 조건들이 그 존재의 에너지 발생률의 하한(下限)을 필연적으로 결정한다. 이 중요한 그 존재가 방출할 열을 공급할 에너지원이 반드시 존재해야만 한다. 다이슨은 모든 에너지원은 먼 우주의 미래에 감소하도록 운명 지어져 있으며, 모든 지각 있는 존재들은 필연적으로 에너지 위기에 직면할 수밖에 없다는 결론을 내렸다.

이제 지각 있는 존재의 생존을 연장할 두 가지 길이 있다. 하나는 가능한 한 오랫동안 살아남는 길이다. 다른 하나는 사고하고 경험하는 속도를 가속하는 일이다. 다이슨은 시간의 흐름을 경험할 수밖에 없는 존재는 정보를 처리하는 속도에 의존한다는 타당성 있는 가정을 세웠다. 정보 처리 과정의 메커니즘이 빠르면 빠를수록 그 존재는 단위 시간당 더 많은 사고와 인식을 하며, 시간이 더욱 빠르게 지나가는 것처럼 느낀다.

이 가정은 중성자별의 표면에서 살아가는 의식이 있는 존재의 사회에 관한 이야기를 다룬 로버트 포워드(Robert Foreword)의 공상 과학 소설 『용의 알(*Dragon's Egg*)』에서 흥미를 돋우기 위해 사용되었다. 이 존재들은 생존을 유지하기 위해 화학적 반응 대신에 원자핵의 반응을 이용한다. 원자핵의 상호 작용은 화학적 상호 작용

보다 수천 배나 빠르기 때문에, 중성자별의 존재들은 정보를 훨씬 빠르게 처리한다. 인간 세상의 1초는 그들에게는 몇 년에 해당한다. 중성자별의 공동체는 인류가 처음으로 접촉했을 때에는 상당히 원시적이었으나, 분 단위로 발전해 곧 인류를 능가한다.

불행히도 먼 미래의 생존 수단으로서 이 전략을 채택할 가능성은 희박하다. 정보의 처리가 빠르면 빠를수록 에너지의 소모가 더욱 커질 것이며, 이용 가능한 에너지 자원이 더욱 빨리 고갈되어 간다. 이러한 과정으로 인해 우리 후손들은 그들의 육체적 형상이 어떠하든 간에 피할 수 없는 종말을 맞이할 것이란 생각을 하게 될 수도 있다. 그러나 반드시 그럴 필요는 없다.

다이슨은 더 훌륭한 타협안이 있을 수 있음을 보여 주었다. 그 타협안이란, 그 사회가 점진적으로 활동률을 줄여서 우주의 진행 속도와 일치시키는 일이다.

말하자면, 항상 증가하는 시간의 길이만큼 동면을 취하는 방법이다. 쉬고 있는 국면 동안, 앞선 활동 국면에서 발생한 열을 소진시키고 유용한 에너지를 축적해 다음 활동 국면에 이용하는 방법이다.

이 전략을 채택한 존재들이 경험하는 주관적인 시간은 실제로 경과한 시간보다 엄청나게 짧을 것이다. 왜냐하면 그 공동체가 활동하지 않는 시간이 언제나 더욱 길게 늘어나기 때문이다. 그러나 영원은 진짜로 긴 시간임을 다시 한번 상기하고, 반대적인 한계에 맞서 싸워야만 한다. 즉 자원은 고갈되어 가고 시간은 무한히 길어진다.

다이슨은 가상적인 존재들이 겪는 한계에 대해 고찰함으로써 전체 자원이 유한하다 하더라도 주관적인 시간은 무한할 수 있음을 보였다. 그는 놀라운 통계를 인용했다. 오늘날 그 인구가 지구와 같은 그 존재들의 공동체는 태양에서 8시간 동안 방출되는 에너지인 6×10^{30}줄의 에너지를 사용해 문자 그대로 영원히 지속될 수 있다.

그러나 진정한 불멸성은 무한한 정보량을 처리할 능력 이상을 요구한다. 만약 그 가상적 존재의 지적 능력이 유한하다면, 그 존재가 생각할 수 있는 것도 유한할 것이다. 이것은 그 존재가 영원히 존속한다면 똑같은 생각을 수없이 되풀이한다는 뜻이다. 그러한 생존은 어떤 의미에서 무의미해 보인다.

이 죽음의 종말로부터 탈출하기 위해 공동체(또는 단일한 초존재)는 한계가 없는 성장을 지속할 필요가 있다. 이 요구는 매우 먼 미래에 심각한 도전을 제시한다. 왜냐하면 물질은 두뇌 물질로 사용되기 전에 증발해 버릴 것이기 때문이다. 아마도 절망에 젖어 있는 명석한 개체는 스스로의 지적 활동 영역을 팽창시키기 위해, 희미하게 드러나긴 하지만 언제나 존재하는 우주의 중성미자들을 이용하려 할 것이다.

다이슨이 논의한 많은 부분—의식이 있는 존재의 먼 미래의 운명에 관한 사색—은 이 존재들의 정신적 사고 과정이 언제나 어떤 종류의 디지털 컴퓨터 처리 과정으로 요약됨을 묵시적으로 인정한다. 디지털 컴퓨터는 확실히 유한한 기계이므로, 그것이 달성할 수 있는 것에 엄격한 한계가 있다.

하지만 아날로그 컴퓨터로 알려진 다른 종류의 계들도 있다. 컴퓨터 계산은 규칙을 연속적으로 조정함으로써 수행된다. 이상적인 경우에 있어서는 무한한 상태의 수가 있을 수 있다. 이리하여 아날로그 컴퓨터들은 유한한 양의 정보를 저장하고 처리할 수 있는 디지털 컴퓨터들이 갖는 몇 가지의 한계를 피한다. 만약 정보가 아날로그 컴퓨터 방식으로—이를테면, 물체의 위치나 각도를 통해—암호화된다면 컴퓨터의 용량에는 제한이 없는 것처럼 보인다. 따라서 초존재가 아날로그 컴퓨터처럼 작동할 수 있다면, 아마 무한히 많은 수의 생각을 할 수 있을 뿐 아니라, 무한정 다양한 생각들을 할 수 있을 것이다.

불행하게도 우리는 전체 우주가 아날로그 컴퓨터 같은지, 혹은 디지털 컴퓨터 같은지 모른다. 양자물리학은 우주 자체가 '양자화(quantized)' 되어 있어야 함을 시사한다. 즉 물리 세계의 모든 성질이 연속적인 변화를 보일 수 있도록 만들어진 것이 아니라, 딱딱 끊어진 단계적 변화를 보이도록 만들어졌다고 한다. 그러나 이것은 순전히 추측에 지나지 않는다. 또한 우리는 정신적 두뇌 활동과 물리적 두뇌 활동의 관계를 모른다. 사고와 경험은 여기서 고려한 양자물리적 개념과 단순히 관련되어 있는 것 같지는 않다.

생각의 본질이 무엇이든 간에, 먼 미래의 존재들이 궁극적으로 생태학적 위기에 직면할 것이란 사실은 의심의 여지가 없다. 모든 에너지 자원이 우주로 분산되어 간다. 그럼에도 불구하고 '살아감' 으로써 그들은 일종의 불멸성을 달성할 수 있을 것처럼 보인다.

다이슨의 시나리오에 따르면, 그들의 활동은 그들의 요구 조건에 냉정하고 무관심한 우주에 대한 충격을 점점 약하게 하여 펼쳐지지 않은 무궁한 시간에 덧보탬 없이 기억을 유지하며, 소멸해 가는 우주의 조용한 암흑 상태를 거의 교란시키지 않고 활동 없이 정지해 있는 것이다. 영리한 조직을 통해 그들은 아직 무수히 많은 생각을 하고 무한히 많은 경험을 할 수 있다. 더 이상 무엇을 바라겠는가?

우주의 열적 죽음은 우리 세대의 변치 않는 신화 중의 하나이다. 우리는 러셀과 다른 사람들이 열역학 제2법칙이 예측한, 우주의 필연적 퇴보라는 사고에 사로잡혀 죽음, 허무주의, 그리고 절망의 철학을 추종했던 것을 보았다. 그러나 더 발전된 우주론을 통해 우리는 오늘날 다소 다른 그림을 그릴 수 있게 되었다. 우주가 종말을 향해 가더라도, 우리 문명이 완전히 망하는 것은 아니다. 열역학 제2법칙이 확실히 적용되지만, 문명이 불멸을 획득할지도 모른다는 가능성을 배제할 필요는 없다.

실제로 사태가 다이슨의 시나리오만큼 나쁘지는 않다. 필자도 지금까지 우주가 팽창해 냉각되어 감에 따라 다소 균질한 상태로 남아 있으리라고 생각했다. 그러나 이 같은 생각이 잘못되었을 수도 있다. 중력은 많은 불안정성의 원천이다.

오늘날 우리가 관찰한 거대 규모의 우주적 균질성은 먼 미래에 보다 복잡한 분포가 될 여지를 안고 있다. 방향에 따른 팽창률의 미세한 변화는 증폭될 수 있다. 거대 블랙홀들의 상호 작용으로 우주 팽창의 분산 효과에 제동이 걸리고우주가 다시 뭉쳐질 수 있다.

이 상황은 흥미로운 경쟁을 유발할 것이다. 블랙홀이 작으면 작을수록 더욱 뜨거워져 더 빨리 증발함을 기억하자. 2개의 블랙홀이 합병되면 마지막 블랙홀이 더욱 커지고, 따라서 더 차가워진다. 증발 과정은 크게 둔화될 것이다.

우주의 먼 미래에 관한 중요한 의문은 블랙홀들의 합병률이 증발을 상쇄시키기 충분한가 하는 것이다. 만약 그렇다면, 호킹 복사를 이용해 에너지 자원을 확보하는 기술적으로 잘 발달된 공동체에 필요한 에너지를 공급할 수 있는 블랙홀들이 언제나 존재하게 될 것이다. 물리학자 돈 페이지(Don Page)와 랜달 맥키(Randall Mckee)의 계산에 따르면, 블랙홀의 합병과 증발은 아주 아슬아슬하게 경쟁하고 있다. 이것은 우주 팽창 속도가 줄어드는 비율에 결정적으로 의존한다. 어떤 모델들에서는 블랙홀의 합병이 정말로 승리를 거둔다.

다이슨은 우리의 후손들이 그들의 생존을 오랫동안 지속시키기 위해 우주 자체를 수정하려고 할지도 모른다는 가능성을 다루지 않았다.

천체물리학자 배로와 티플러는 진보된 기술 공동체가 그들에게 유리한 특정 중력 분포를 만들기 위해 별들의 운동을 살짝 조정할 수 있는 방법들을 생각했다. 예컨대, 소행성의 궤도에 핵무기를 사용하면 섭동 때문에 소행성들이 궤도에서 벗어나 태양으로 떨어진다. 말하자면 충분한 에너지를 공급받은 소행성은 추진력을 받아 태양으로 충돌해 들어간다. 충돌의 운동량은 은하 내부 태양 궤도에 아주 미세한 변화를 일으킬 것이다.

비록 그 효과가 작다고 하더라도 그것이 누적된다면 어떨까. 태양이 더욱 멀리서 움직이면 변위는 더욱더 커진다. 수 광년이 떨어진 거리에서 태양이 또 다른 별에 접근한다면, 변화는 단순한 마주침이 은하를 가로지르는 태양의 궤적에 격렬한 수정을 일으키는 중대한 차이를 가져온다.

이렇게 별들을 조종해 공동체의 이익이 되도록 천체들의 집합을 변화시킬 수 있다.

그리고 효과가 증폭되고 누적되기 때문에, 이와 같은 방식으로 제어될 수 있는 계의 크기에는 한계가 없다. 여기서 슬쩍 밀치고 저기서도 슬쩍 밀칠 수 있다. 충분히 긴 시간이 주어지면—우리의 후손들이 그들이 마음대로 할 수 있는 풍부한 시간을 확실히 갖는다면—전체 은하도 다룰 수 있다.

이 웅대한 우주공학은 별들과 은하들이 7장에서 설명한 바와 같이, 중력의 지배를 받는 무작위적인 운동과 경쟁을 벌여야 한다. 배로와 티플러는 소행성을 이용해 은하를 다시 정렬하는 데에는 10^{22}년이 걸릴 것이라고 했다. 불행히도 자연스러운 물질 붕괴는 약 10^{19}년이 지나면 일어난다. 따라서 싸움은 자연이 결정적으로 승리할 것으로 보인다.

다른 한편, 우리의 후손들은 소행성들보다 훨씬 큰 물질들을 제어할 수 있다. 또한 자연스러운 분산율은 물체의 궤도 속도에 의존한다. 전체 은하에서는 이들 속력이 우주 팽창 속도로 떨어진다. 느린 속력은 또한 인위적인 조정을 느리게 만든다. 두 가지 효과는 같은 비율로 위축되지 않는다.

시간이 지남에 따라 자연적인 붕괴율은 공학자 공동체가 우주를 관찰 · 기록할 수 있는 비율 아래로 떨어질 것 같다. 이 사실은 시간이 진행함에 따라 지능을 가진 존재가 자원이 점점 더 줄어드는 우주를 제어할 수 있는 능력이 더욱더 증대되는 흥미로운 가능성을 높인다. 제어 능력은 모든 자연이 필연적으로 '기술화'되어 자연적인 것과 인위적인 것의 구분이 사라질 때까지 증대될 것이다.

다이슨의 분석 중 핵심적인 가정은 사고 과정이 필연적으로 에너지를 소모한다는 점이다. 인간의 사고 과정은 에너지를 사용한다. 최근까지는 어떤 형태의 정보 처리 과정도 최소한의 열역학적 대가를 치러야 한다고 생각되었다. 놀랍게도 그러한 생각은 완전히 옳지는 않다. 컴퓨터 과학자들인 IBM의 찰스 베넷(Charles Bennett)과 롤프 란다우어(Rolf Landauer)는 가역적인 컴퓨터 계산이 원칙적으로 가능함을 보였다.

이 사실은 어떤 물리적 계가 에너지의 소진 없이 정보를 처리할 수 있음을 의미한다. 어떤 종류의 동력 공급 없이도 무한히 많은 생각을 할 수 있는 계를 고안할 수 있다(현재로서는 완전히 가설적인 이야기이다.). 그러한 계가 정보의 처리는 물론 수집을 할 수 있을지는 명백하지 않다. 왜냐하면 단지 소음에서 신호를 구분해 낼 필요가 있기 때문에, 주변 환경으로부터 임의의 의미 있는 정보를 획득하는 것은 한 가지 형태의 에너지, 또는 다른 형태의 에너지의 소진이 수반될 것으로 보이기 때문이다.

그러므로 이 욕심 없는 존재가 주변의 세계를 인식하지 못할 수도 있다. 하지만 그 존재는 그것이 우주임을 기억할 수 있다. 아마 그 존재는 꿈도 꿀 수 있을 것이다.

죽어 가는 우주의 이미지는 100여 년 남짓 과학자들을 괴롭혀 왔다. 우리가 엔트로피의 증가를 초래하는 낭비적인 과정을 통해 꾸준히 퇴보해 가는 우주에 살고 있다는 생각은 과학 문명 전통의 한 부분이다. 그러나 그것은 얼마나 잘 짜인 생각인가? 우리는 모든 물리적 과정들이 필연적으로 혼돈과 붕괴를 초래한다고 확신할 수 있는가?

생물학은 어떠한가? 몇몇 생물학자들이 다윈의 진화론을 옹호할 때 취하는 극히 방어적인 태도는 한 가지 암시를 준다. 필자가 알기로는 그들의 태도는 모든 것을 파멸로 이끌고 가는 물리적 힘이 생명이라는 불안정하고 창조적인 과정을 낳았다는 모순에 기인하는 것 같다. 지구상의 생명체는 태고의 점액질에서 시작되었다. 오늘날의 생물권은 미묘한 상호 작용 안에서 정교하게 복잡해지고 고도로 다양해진 유기체의 연결망인, 풍부하고 복잡한 생태계를 이룬다.

생물학자들은 이러한 놀라운 변화에 경외감을 느끼는 것 같으면서도 이것이 어떤 조직적인 진보라는 데에는 결단코 반대한다. 과학자든 과학자가 아니든 생명체가 지구상에 기원한 이래로 일정한 방향으로 어느 정도의 진보가 있었다는 점을 명백히 인정한다. 문제가 되는 것은 진보를 보다 선명하게 정의하는 일이다.

진보했다는 사실은 정확히 무엇을 말하는가?

생존에 관한 앞에서의 논의는 정보(또는 질서)와 엔트로피 사이의 투쟁에 초점을 맞추고 있다. 이때 언제나 엔트로피가 우위를 점하고 있다. 그러나 정보가 우리가 관심을 가진 본질적인 양인가? 결국 모든 가능한 사고를 통해 체계적으로 길을 개척하는 일은 전화번호부를 읽는 것만큼이나 소름이 끼친다. 중요한 것은 확실히 경험의 질이다. 아니, 일반적으로 말하면 취합되고 이용된 정보의 질이다.

우리가 말할 수 있는 것은 우주가 다소 평범한 상태에서 출발했다는 사실이다. 시간이 흐름에 따라 오늘날 우리가 보는 물리적 계의 풍부함과 다양성이 나타났다. 그러므로 우주의 역사는 조직적인 복잡성의 성장 역사이다. 이것은 상당히 역설적이다.

최초의 낮은 엔트로피 상태에서 전망이 없는 마지막 최대의 엔트로피 상태로 서서히 진행해 가는 우주가 어떻게 죽어 가고 있는지 말해 주는 사실을 밝히는 것으로부터 필자의 설명을 시작하겠다. 사태가 점점 좋아지고 있는지, 또는 점점 나빠지고 있는지에 대해서도 설명하겠다.

실제로는 역설이 전혀 아니다. 왜냐하면 조직적인 복잡성은 엔트로피와 다르기 때문이다. 엔트로피나 무질서는 정보, 또는 질서의 부정형이다. 보다 많은 정보를 처리하면—보다 많은 질서를 만들어 내면—보다 큰 엔트로피의 대가를 치러야 한다. 여기서의 질서는 어딘가 다른 곳의 무질서를 만들어 낸다.

그러나 조직화와 복잡성은 단순한 질서와 정보가 아니다. 그것들은 특정 양상의 질서와 정보에 관한 것이다. 우리는 말하자면 박테리아와 결정체 사이의 중요한 차이점을 인식한다. 둘 다 질서가 있지만 방식이 다르다. 조직화된 균일성—완고한 아름다움—을 보여 주지만 필연적으로는 싫증을 자아낸다. 그와는 대조적으로 어렵사리 정돈된 박테리아의 조직체는 흥미를 돋운다.

이 생각은 주관적인 판단같이 보이지만 수학과 강하게 결부될 수 있다. 최근에 와서 그러한 개념을 조직적인 복잡성으로 정량화하려는 목표를 설정하고, 이미 알려진 물리 법칙들과 나란히 설 수 있는 일반적인 조직화의 원칙을 세우려는 완전히 새로운 연구 분야가 개척되고 있다. 이 연구는 아직 유아기 상태에 있지만, 이미 질서와 혼돈에 관한 많은 전통적인 가정들에 도전하고 있다.

『우주의 청사진(*The Cosmic Blueprint*)』이란 책에서 필자는 일종의 '증가하는 복잡성의 법칙(law of increasing complexity)'이 열역학

제2법칙과 병행해 우주에서 작용하고 있다고 주장했다. 이들 두 법칙이 양립하지 않을 까닭이 없다.

실제에 있어서 물리적 계의 조직화된 복잡성의 증가는 엔트로피를 증가시킨다. 생물의 진화에서 새롭고 복잡한 조직은 상당히 많은 물리적 · 생물학적 파괴의 과정들이 일어난 후 나타난다(예를 들어 잘못 적응한 돌연변이체의 이른 죽음). 눈송이의 얼음 결정도 우주의 엔트로피를 증가시킨다. 그러나 앞서 설명한 바와 같이 조직화가 엔트로피의 부정이 아니기 때문에 그 거래가 직접적이지는 않다.

나는 많은 다른 연구자들이 비슷한 결론에 도달해 복잡성의 '제2법칙'을 정형화하려는 시도가 이루어지고 있다는 사실을 알고 크게 감동했다. 비록 열역학 제2법칙과 양립할 수 있다고 하더라도, 복잡성의 법칙은 주로 평범한 출발에서 보다 정교하고 복잡한 형태로 진행해 가는(어떤 의미에서 필자가 암시한 탐구를 통해 보다 엄밀해질 수 있는) 우주에 대한 묘사, 즉 우주의 변화를 매우 다르게 설명한다.

우주의 종말이라는 의미에서 증가하는 복잡성의 법칙이 존재한다는 것은 심오한 중요성을 지닌다. 만약 조직화된 복잡성이 엔트로피의 반대 의미가 아니라면, 우주에서 한정되어 저장된 음의 엔트로피는 복잡성의 정도에 한계를 설정할 필요가 없다. 복잡성의 진척에 따라 지불된 엔트로피의 대가는 단순한 질서화나 정보 처리 과정의 경우에서와 같이 본질적인 것이라기보다는 우연한 것일지도 모른다.

만약 그런 것이라면, 우리의 후손들은 줄어드는 자원의 낭비 없이 훨씬 크게 조직화된 복잡성의 상태를 달성할 수 있을 것이다. 그들은 그들이 처리하는 정보의 양에서 제한을 받을지 모르지만, 정신적 · 물리적 활동의 질과 풍부함에는 한계가 없을지도 모른다.

이 장과 마지막 장에서 필자는 서서히 커져 가는, 그러나 아마도 결코 동력이 완전히 고갈되지 않는 우주, 열역학 제2법칙의 냉엄한 논리에 맞서 스스로의 천재성을 시험하고, 영원히 지속되는 곤경에 맞서서 생존하는 기괴한 공상 과학 피조물들의 모습을 보여 주려고 노력했다.

절망적이긴 하지만, 반드시 생존을 위한 투쟁이 무익한 것만은 아니라는 이미지가 몇몇 독자들의 원기를 돋우어 주는 한편, 다른 독자들을 우울하게도 할 것이다. 나 자신의 감정은 복합적이다.

그러나 전체적인 결론은 우주가 영원히 계속해서 팽창할 것이라는 가정 위에서 예측되었다. 우리는 이 결론이 어떻게 우주의 단 하나의 운명인지를 살펴보았다.

만약 팽창이 충분히 빠르게 감속된다면, 우주는 어느 날 팽창을 멈추고 대붕괴를 향해 수축을 시작할 것이다. 그 우주에서 우리는 살아남을 수 있을까?

시간이 영원하지 않다면 어떤 인간, 또는 어떤 천재 외계인도 생명을 영원히 연장할 수는 없다. 우주가 오직 일정한 시간 동안만 존재한다면 아마겟돈을 피할 수가 없다. 6장에서 필자는 우주의 궁극적인 운명이 우주의 전체 질량과 어떤 방식으로 관계되어 있는지를 설명했다. 관측 결과는 우주의 질량이 영원한 팽창과 결과적인 붕괴 사이의 임계적인 경계선에 아주 가까운 값임을 시사하고 있다. 우주가 결과적으로 수축하기 시작하면, 어떤 지각 있는 존재의 경험은 앞 장에서 설명한 것과는 정말로 너무 다를 것이다.

우주 수축의 초기 단계가 위협적이지 않은 것은 아니다. 위로 던져 올려져 최고 높이에 도달한 공과 같이, 우주는 매우 느리게 안쪽으로 함몰하기 시작할 것이다. 1000억 년 뒤에 최대 팽창의 상태에 도달한다고 생각해 보자.

아직도 타오르고 있는 별이 많이 있을 것이며, 우리의 후손들은 광학 망원경으로 은하들의 운동을 관측할 수 있을 것이다. 은하단이 점점 느리게 멀어져 가다가 서로 가까워져 가는 것을 볼 수 있다. 오늘날 우리가 관찰하는 은하들은 그때는 4배 정도 더 멀어져 있을 것이다.

우주의 역사가 너무 오래되었기 때문에, 천문학자들은 지금 우리가 볼 수 있는 거리보다 10배 정도 멀리 볼 수 있어서, 그들이 관측하는 우주는 현재의 우주 상태에서 우리가 볼 수 있는 것보다 훨씬 많은 은하들로 둘러싸여 있을 것이다.

빛이 우주를 횡단하는 데 수십억 년이 걸린다는 사실은 1000억 년 뒤의 천문학자들이 아주 오랫동안 수축을 볼 수 없음을 의미한다. 그들은 우선 비교적 가까이 있을 은하들이 평균적으로 보아 멀어져 가기보다는 접근하고 있음을 깨달을 것이나, 먼 은하들로부터 날아오는 빛은 아직 우주가 팽창하고 있음을 나타내는 적색 편이를 보일 것이다. 수백억 년이 지난 후에야 체계적으로 안쪽으로 몰려드는 것이 명백해진다.

보다 쉽게 인식할 수 있는 것은 우주 배경 복사의 미묘한 온도 변화일 것이다. 이 우주 배경 복사가 대폭발의 잔재이며, 현재 절대 온도보다 섭씨 3도가량 높은 3°K임을 상기하자. 우주 배경 복사는 우주가 팽창함에 따라 냉각한다. 1000억 년이 지나면 우주 배경 복사의 온도는 1°K 정도로 떨어질 것이다. 팽창의 절정에서 온도는 최저값에 이르렀다가, 수축이 시작되면 곧바로 올라가기 시작해 우주가 현재의 밀도로 수축되면 3°K로 되돌아온다. 이 상태가 되려면 또 한 번의 1000억 년이 지나야 한다. 우주의 온도가 내려가고 올라가는 현상은 시간의 경과에 대해 근사적 대칭성을 보인다.

우주는 하룻밤 사이에 간단히 붕괴하는 것은 아니다. 실제로 수축이 시작된 후에도 우리의 후손들은 수백억 년 동안 잘 살 수 있을 것이다. 하지만 팽창에서 수축으로의 전환이 훨씬 오랜 시간 후에 일어난다면—1조 년의 1조 번이 흘러간 이후라면 상황이 그렇게 장밋빛만은 아니다.—이런 경우 별들은 최고 팽창에 이르기 전에 타 버리고 말아, 어떤 살아 있는 생명체든 영원히 팽창하는 우주에서 겪게 될 문제와 똑같은 문제에 직면할 것이다.

전환이 언제 일어나든, 현재로부터 측정한 연한과 똑같은 햇

수가 지난 후에 우주는 현재의 크기로 되돌아올 것이다. 하지만 겉모양은 매우 다를 것이다. 1000억 년 후에 전환이 일어난다 하더라도 현재 상태보다는 훨씬 많은 블랙홀들이 있고, 남아 있는 별들이 훨씬 적을 것이다. 생명체의 생존이 가능한 행성들은 보다 귀해질 것이다.

우주가 현재의 크기로 되돌아올 때쯤에는 상당한 속도로 수축할 것이다. 약 35억 년 만에 크기가 절반 정도로 수축하면서 수축 속도가 더욱 빨라진다. 이 시점에서 약 100억 년 정도 후에 재미있는 현상이 시작된다. 이때는 우주 배경 복사의 온도상승이 상당한 위협이 될 것이다. 온도가 약 300°K 정도 될 때, 지구와 같은 행성은 열을 잃어버리기가 어렵다. 행성은 잔인하게 더워지기 시작한다. 먼저 만년설이나 빙하가 녹아내리고, 다음에는 대양이 증발하기 시작할 것이다.

4000만 년 후에 우주 배경 복사의 온도는 오늘날 지구의 평균온도와 같아질 것이다. 지구와 같은 행성들은 그때 완전히 황량해질 것이다. 물론 지구는 이미 그러한 운명을 맞이했을 것이다. 왜냐하면 태양이 적색 거성으로 팽창되었을 것이므로, 우리의 후손들이 피할 수 있는 안전한 천국은 어디에도 없다.

복사열이 우주를 채운다. 모든 우주 공간의 온도가 섭씨 300도에서 더욱 올라간다. 타는 듯한 열기에 적응한, 또는 주변 환경을 냉각시켜 푹 삶길 시간을 지연시킨 천문학자들은 우주가 수백만 년마다 크기가 절반으로 줄어드는, 매우 빠른 속도로 붕괴해 가고 있음을 깨닫게 될 것이다. 아직도 존재하는 어떤 은하들은 지금쯤 합병되기 때문에 더 이상 알아볼 수가 없다. 하지만 아직도 상당히 많은 빈 공간이 존재한다. 개별적인 별들 사이의 충돌은 거의 일어나지 않을 것이다.

우주가 최종 국면에 접근함에 따라 우주의 조건들은 대폭발 직후에 뒤덮고 있던 환경과 더 닮아 간다. 천문학자 마틴 리스(Martin Rees)는 붕괴해 가는 우주의 종말론적 연구를 수행했는데, 그는 일반적인 물리적 원리들을 적용해 붕괴의 마지막 단계 그림을 그려 낼 수 있었다.

궁극적으로 우주 배경 복사가 너무 강렬해 밤하늘이 희미한 붉은빛으로 타오를 것이다. 우주는 천천히 모든 것을 에워싸는 우주 용광로로 변해, 모든 연약한 생명체들이 어디에 흩어져 있든 상관없이 태워 버리고, 행성의 대기를 벗겨 버릴 것이다.

붉은빛은 서서히 노란빛으로, 더 나아가 하얀빛으로 변해 우주를 채워 버리는 격렬한 열이 별들 자체의 존재를 위협할 것이다. 자신의 에너지를 방사해 버릴 수 없는 별들은 내부에 열을 축적해 폭발한다. 우주 공간은 뜨거운 가스(플라즈마)로 채워져 격렬히 타올라 계속 뜨거워진다.

변화의 속도가 빨라지면 조건들은 더 극단으로 치닫는다. 우주는 10만 년 정도의 시간 동안에 눈에 띄게 변화하기 시작한다. 그러고는 1,000년 정도, 더 나아가 100년 정도의 단위로도 변화의 폭을 짐작할 수 있도록 빠르게 변한다. 이러한 변화는 전체적인 대붕괴를 향해 더욱 가속된다.

온도는 수백만 도로 올랐다가 수십억 도에 이르게 된다. 오늘날 광활한 지역을 차지하는 물질은 작은 부피로 짜부라진다. 은하의 질량은 단지 수 광년에 걸쳐 있는 공간을 차지하고 있다. 마지막 3분이 도래하는 것이다.

결국은 온도가 너무 높아 원자핵도 해체되어 버린다. 물질은 기본 입자들의 균질한 수프로 분해된다. 대폭발과, 무거운 화학 원소들을 만들어 내는 별들의 여러 세대에 걸친 산물이 여러분들이 이 페이지를 읽는 데 걸리는 시간보다 더욱 짧은 시간에 되돌려진다. 원자핵들—수조 년 동안 지속되었을지도 모를 안정된 구조들—이 비가역적으로 분쇄된다.

블랙홀들은 예외로 하고, 모든 다른 구조들은 무(無)로 없어진 지 오래이다. 이제 우주는 우아하지만 불길한 단순성을 갖는다. 살아 있을 시간이 있긴 하지만 몇 초에 지나지 않는다.

우주가 더욱더 빨리 붕괴해 감에 따라 온도는 알려진 한계 없이 더욱 빠르게 올라간다. 물질이 너무 강하게 압축되어 개별적인 양성자들과 중성자들은 더 이상 존재하지 않는다. 단지 쿼크의 수프만이 있을 뿐이다. 여전히 붕괴는 가속을 더해 간다.

이제 궁극적인 우주의 대재난이 막 시작되려는 단계에 와 있다. 1초의 100만분의 1 정도 시간이 남았다. 블랙홀들이 서로 합병되기 시작한다. 그들 내부는 우주 자체의 일반적인 붕괴 상태와 별로 다르지 않다. 이제 그들은 종말에 조금 일찍 도착한 시공간의 영역에 있으며, 우주의 다른 부분과 합쳐지고 있다.

마지막 순간에 중력은 완전히 지배적인 힘이 되어 무자비하게 물질과 공간을 압착한다. 시공간의 굴곡이 더욱 빠르게 증가한다. 점점 더 큰 공간의 영역이 점점 더 작은 부피로 압축된다. 전통적인 이론에 따르면, 내적 폭발력이 엄청나게 강력해져 모든 물질을 무로 압착해 버리고, 시공간을 포함한 모든 물리적 물질은 시공간의 특이점으로 흔적도 없게 된다.

이것이 종말이다. 우리가 이해하고 있는 한 '대붕괴(big crunch)'는 단순한 물질의 끝이 아니다. 그것은 모든 것의 끝이다. 왜냐하면 시간 자체가 대붕괴에서 정지해, 그 다음에 무슨 일이 일어나느냐라고 묻는 것은, 대폭발 전에 무슨 일이 일어났는가라고 묻는 것과 마찬가지로 아무 의미가 없다.

도대체 어떤 일이 일어날 '다음'이란 없다. 무활동을 위한 시간도 없고 허공을 위한 시간도 없고 허공을 위한 공간도 없다. 대폭발에서 무로부터 태어난 우주는 대붕괴에서 무로 사라질 것이다. 우주의 영화롭던 수조억 년의 존재도 한 점의 기억도 없이 무로 사라진다.

이러한 전망으로 인해 우울해질 필요가 과연 있을까? 우주가 서서히 나빠져 영원히 팽창해 어두운 공허한 상태로 나아가는 것, 또는 타오르는 망각 속으로 내적으로 폭발하는 것 중 어느 것이 더 나쁠까? 우주는 시간이 다하도록 운명 지워져 있는데, 지금 불멸에 대한 어떤 희망이 있는가?

대붕괴에 접근하는 동안의 생명이, 계속 팽창하는 우주의 먼 미래에 있어서보다 훨씬 더 절망적인 것 같다. 지금 문제가 되는 것은 에너지의 부족이 아니라 에너지의 과다이다.

하지만 우리의 후손들에게는 마지막 대파괴에 대비할 수십억 년, 또는 수조 년의 시간이 있다. 이 시간 동안, 생명은 우주 전역으로 퍼져 나갈 수 있다.

붕괴하는 우주의 가장 간단한 모델에서, 우주의 전체 부피는 실제로 유한하다. 이는 공간이 휘어져 3차원 공간의 구(球)의 표면과 똑같이 스스로 연결될 수 있다. 그러므로 지능이 있는 존재가 우주로 퍼져 나가, 그들이 할 수 있는 모든 가능한 자원을 활용해 스스로 대처할 수 있는 위치에 섬으로써 대붕괴를 제어하는 것을 생각할 수 있다.

번저, 그들이 괴로워해야 하는 까닭을 파악하기가 어렵다. 대붕괴 이후의 존재가 불가능하다면, 고뇌를 조금 더 오랫동안 연장하는 요점이 무엇일까? 종말 1000만 년 전에 소멸하는 것이나, 혹은 100만 년 전에 소멸하는 것이나 수조 년이 된 우주에서는 모두 똑같다. 그러나 우리는 시간이 상대적임을 잊어서는 안 된다.

우리 후손들의 주관적 시간은 그들의 물질 대사율과 정보 처리율에 달려 있을 것이다. 또다시 그들이 자신들의 신체적 형상을 되찾을 수 있는 충분한 시간을 가진다고 생각하면, 그들은 황천길

로의 접근을 불멸의 한 양상으로 바꾸어 놓을 수 있을지도 모른다.

온도의 상승은 입자들이 보다 잽싸게 운동하며 물리적 과정이 보다 빨리 일어남을 의미한다. 지각 있는 존재의 필연적인 조건은 정보 처리 능력임을 기억하자. 온도가 급하게 상승하는 우주에서 정보 처리율은 더욱 가속될 것이다. 10억 도에서 열역학 과정을 이용하면, 우주의 갑작스러운 말살이 1년 정도 남아 있는 것처럼 보인다. 만약 남아 있는 시간이 관측자들의 마음에서 무한대로 늘어날 수 있다면, 시간의 끝을 두려워할 필요는 없다.

최종 수축을 향해 붕괴가 가속됨에 따라, 사고의 속도와 더불어 아마겟돈으로 치닫는 가속과 일치하는 관측자들의 주관적인 경험은 원칙적으로 매우 빠르게 지연될 수 있다. 충분한 자원이 주어지면, 이들 존재들은 문자 그대로 시간을 살 수도 있을 것이다.

혹자는 붕괴하는 우주의 최종 순간에 살아 있는 초존재가 활용할 수 있는 한정된 시간에 무한히 많은 분명한 생각과 경험을 할 수 있을지 궁금해할 수 있다. 배로와 티플러가 이 문제를 연구했다. 답은 최종 단계의 상세한 물리적 조건에 크게 좌우된다.

예컨대, 만약 우주가 최종 특이점으로 접근할 때 상당히 균질하게 남아 있다면 중요한 문제가 발생한다.

사고의 속력이 어떻든 간에 빛의 속력은 변화 없이 일정하기 때문에, 빛은 1초에 1광초(light-second, 빛이 1초에 진행하는 거리)의 거리를 여행한다.

빛의 속도는 모든 물리적 효과가 전파해 가는 한계 속력을 정의하기 때문에 마지막 1초 동안에 1광초 이상 떨어져 있는 우주의 영역 사이에는 아무런 교류도 일어날 수 없게 된다(이는 블랙홀에서 정보가 빠져 나오는 것을 막는 것과 비슷한 사상의 지평의 또 다른 한 가지 예이다.).

종말이 가까워짐에 따라, 교류가 가능한 영역의 크기와 그들이 포함하는 입자의 숫자가 0으로 줄어든다. 정보를 처리하는 계에서 계의 모든 부분은 교류를 필요로 한다. 명백히 말해, 빛의 유한한 속도는 종말이 가까워짐에 따라 존재할지도 모를 어떤 '두뇌'의 크기를 제한한다. 바꿔 생각해 보면, 이는 그러한 두뇌가 가질 수 있는 분명한 상태의 수를 제한할 수 있고, 따라서 사고를 제한할 수 있다.

이 제한을 피하기 위해 우주 붕괴의 마지막 단계는 균질성에서 벗어날 필요가 있다. 사실 이 같은 우발성은 일어날 가능성이 매우 높다. 중력 붕괴에 관한 집중적인 수학적 탐구 노력에 의하면, 우주의 내적 폭발이 진행됨에 따라 붕괴율이 방향에 따라 다를 수 있다.

흥미롭게도 이 현상은 우주의 한 방향이 다른 방향보다 빠르게 수축하는 단순한 문제는 아니다. 무슨 일이 일어나는가 하면, 진동이 일어난다. 따라서 가장 빠르게 붕괴하는 방향이 계속해서 바뀐다. 실제로 우주는 소멸되어 가는 과정에서 점증되는 격렬함과 복잡성의 순환을 보이며 요동한다.

배로와 티플러는 이들 복잡한 진동은 사상의 지평이 처음에는 이 방향, 다음에는 저 방향에서 사라지도록 만들어 공간의 모든 영역이 접촉할 수 있도록 한다고 추측했다. 어느 초두뇌는 약삭빠르게 진동이 한 방향에서 다른 방향으로 빠르게 붕괴를 진행시킴에 따라 한 방향에서 다른 방향으로 교류를 전환할 필요가 있다. 만약 존재가 보조를 맞출 수 있으면, 진동은 스스로 사고의 과정을 유도해 내는 데 필요한 에너지를 공급할 수 있다.

더 나아가 간단한 수학 모델들에서 보면, 대붕괴로 종말이 일어나는 한정된 시간 동안에 무한히 많은 진동이 일어날 것 같다. 이는 무한히 많은 양의 정보 처리 과정을 따라서, 이후 초존재에게는 무한한 주관적 시간을 제공한다. 이리하여 비록 물리적 체계가 대붕괴에서 갑작스레 끝난다 하더라도 정신적 세계는 결코 끝나지 않을 수도 있다.

무제한의 능력을 가진 두뇌는 무엇을 할 수 있을까? 티플러에 따르면, 그것은 자기 자신의 존재가 갖는 모든 측면을 드러내 보일 수 있을 뿐만 아니라 집어삼킨 우주의 모든 것을 드러내 보일 수 있지만, 무한한 정보 처리 능력으로 가상현실의 흥취에 젖어 있는 상상의 세계를 흉내 낼 수 있다. 이와 같은 방식으로 내면화할 수 있는 가능한 우주의 종류에는 한계가 없다. 마지막 3분이 영원으로 잡아 늘여질 수 있을 뿐만 아니라, 우주 활동이 무한한 다양성의 현실을 흉내 낼 수 있도록 허용하기도 한다.

불쌍하게도 이와 같은 사색은 매우 특이한 물리적 모델에 의지하고 있어, 완전히 비현실적인 것으로 판명될 수도 있다. 그들 모델들 역시 어쩌면 중력 붕괴의 마지막 단계에 지배적인 양자역학적 효과를 무시하고 있다. 양자역학적 효과는 정보 처리 속도에 궁극적인 한계를 설정할 것이다.

그렇다면 우주의 초존재, 또는 슈퍼 컴퓨터는 적어도 스스로의 죽음과 타협할 수 있는 이용 가능한 시간에, 생존을 충분히 이해하리라는 희망을 갖자.

10 죽음과 부활

지금까지 필자는 폭발하거나 잦아드는(보다 정확히 말해 붕괴하거나 꽁꽁 얼어붙는) 우주의 종말이 매우 먼, 아마도 무한히 먼 미래에 일어나리라 가정해 왔다.

우주가 붕괴한다면, 우리의 후손들은 수십억 년 전부터 닥쳐오는 수축에 대한 경고를 받을 것이다.

필자가 설명한 바와 같이, 천문학자들은 하늘을 응시할 때 스냅 사진에 나타나는 한순간의 모습인 현재 상태의 우주를 보지 않는다. 빛이 먼 곳으로부터 우리에게 도달하는 데 걸리는 시간 때문에, 우리는 우주 공간에 빛을 방사한 시간의 어떤 천체를 본다.

망원경은 또한 과거의 시간을 더듬어 보는 시간 망원경

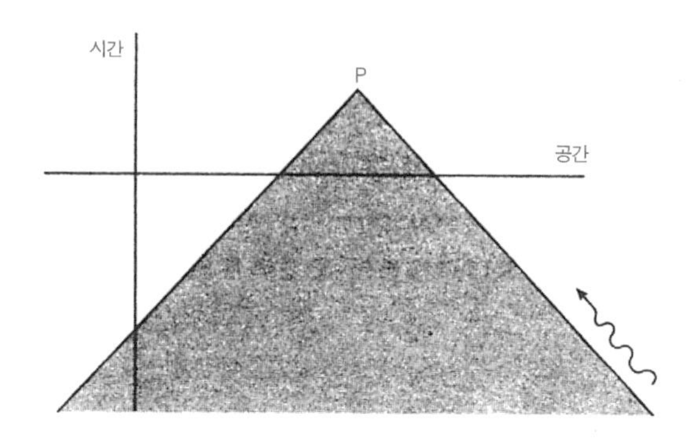

그림 8
시공간상의 한 점 P — 시간은 현재이고, 장소는 지금 있는 곳이라고 하자. — 로부터 한 천문학자가 우주의 내부를 들여다볼 때, 실제로는 현재 있는 그대로의 우주를 보는 것이 아니라 과거 상태의 우주를 보고 있다. P에 도착하는 정보는 P를 통과하는 경사진 선으로 표시된 '과거 빛 원뿔' 을 따라 전달된다. 이것들이 과거 상태 우주의 멀리 떨어진 영역으로부터 지구로 날아오는 빛 신호의 경로이다. 어떤 정보나 물리적 영향도 빛보다 빨리 전달될 수 없으므로, 그림에 표시된 순간의 관찰자는 검게 표시된 영역에서 일어난 사건들이나 영향들만을 알 수 있다. 과거 빛 원뿔 외곽에서 일어난 종말론적 사건은 지구를 향해 재난을 몰고 올 영향(물결선)을 끼칠 수도 있지만, 관찰자들은 다행스럽게도 그 영향이 닥쳐올 때까지 알지 못한다.

(timescope)이다. 천체가 멀리 떨어져 있으면 떨어져 있을수록 우리가 오늘 보는 현상은 더욱 먼 과거 시간의 이미지다.

사실상 천문학자들의 우주는 기술적으로 '과거 빛 원뿔(past light cone)'이라고 부르는, 시공간을 통해 과거로 잘려 나가는 한 단

면이다 그림 8

상대성 이론에 따르면, 어떤 정보나 물리적 영향도 빛보다 빨리 전파될 수 없다. 그러므로 과거 빛 원뿔은 우주에 관한 모든 지식뿐 아니라 이 순간 우리에게 영향을 끼칠 수 있는 모든 사건의 한계를 나타낸다. 빛의 속도로 우리에게 다가오는 어떤 물리적 영향은 전혀 경고 없이 다가옴을 의미한다. 과거 빛 원뿔 위쪽으로 향하는 대재난이 있다면, 종말에 대한 예고가 있을 수 없다. 재난에 대해 우리가 제일 먼저 알게 되는 순간은 바로 그 사건이 닥쳤을 때일 것이다.

가상적인 간단한 예를 들어 보자. 태양이 지금 막 부풀어 오른다면, 우리는 빛이 태양으로부터 우리에게 날아오는 데 걸리는 시간인 8분 30초 뒤에나 이 사실을 알 수 있을 것이다. 이와 비슷하게, 가까이 있는 별은 초신성—가공할 복사로 지구를 덮어씌우는 사건—으로 이미 부풀어 올라 있지만, 우리는 이 나쁜 소식이 빛의 속도로 은하를 가로질러 날아오는 기간인 몇 년 동안 다행스럽게도 모르고 지낼 것이다. 그래서 우주가 어느 한순간 너무 고요해 보일지라도, 우리는 실제로 무시무시한 사건이 일어나고 있지 않다고 확신할 수 없다.

우주에서 일어나는 대부분의 격렬한 사건은 우주 공간의 인접한 영역에만 제한된 손상을 끼친다. 별의 죽음이나 블랙홀로 뛰어드는 물질은 기껏해야 몇 광년 정도 떨어진 행성들이나 인접한 별들에 혼란을 초래한다. 가장 현저한 폭발도 몇 개 은하들의 핵에만 국한된 사건으로 보인다. 필자가 설명한 바와 같이, 물질의 거대한 분출은 때때로 빛의 속력에 버금가는 속력으로 분출되며, 막대한 양의 복사 에너지가 방출된다. 이와 같은 경우는 은하의 크기와 비슷한 규모로 큰 격렬한 사건이다.

그러나 우주를 파괴할 정도로 규모가 큰 사건은 어떨까? 말하자면 중도에 한 방에 전 우주를 파괴할 변란이 일어날 수 있을까? 진정한 우주의 대재앙이 이미 시작되어 불행한 결과가 시공간의 우리의 연약한 활동 영역을 향해 우리의 과거 빛 원뿔을 거슬러 올라오고 있는 것은 아닐까?

1980년에 물리학자인 시드니 콜맨(Sidney Coleman)과 프랭크 데루시아(Frank De Luccia)는 학술지 《피지컬 리뷰 D(*Physical Review D*)》에 "진공 붕괴의 중력 효과와 영향(Gravitational Effects on and of Vacuum Decay)"이라는 제목의 악의 없는 무시무시한 내용의 논문을 발표했다. 그들이 말하는 진공은, 단순한 공간의 허공을 뜻하는 것이 아니라 양자물리의 진공 상태를 의미한다.

3장에서 필자는 우리에게 허공으로 보이는 것이 실제로는 유령 같은 가상 입자들이 무작위적으로 마구 나타났다가 사라지는 덧없는 양자 활동성으로 끓어오르고 있는 상태임을 설명했다.

이 진공 상태가 특이한 상태가 아님을 상기하자. 모두 허공으로 보이지만, 다른 수준의 양자 활동성을 향유하며 관계된, 에너지가 다른 여러 가지의 양자 상태들이 있을 수 있다.

고에너지 상태가 저에너지 상태로 붕괴하는 경향은 양자물리의 잘 확립된 원리이다. 예를 들어 보면, 1개의 원자가 불안정한 상태인 일정 범위의 들뜬상태에 놓여 있어, 안정된 가장 낮은 에너지 상태, 또는 바닥상태로 붕괴하려 한다.

이와 비슷하게 들뜬상태의 진공은 가장 낮은 에너지 상태, 또는 '진정한' 진공 상태로 붕괴하려 할 것이다. 우주의 급팽창 시나리오는 바로 초기의 우주가 들뜬, 또는 '가짜' 진공 상태에 있어, 그동안 격렬하게 급팽창이 일어나지만 매우 짧은 시간 동안 이 상태가 진정한 진공으로 붕괴해 급팽창이 멈춘다는 이론에 기초하고 있다.

우주의 현재 상태가 진정한 진공에 해당된다는 것이 일반적인 가정이다. 즉 우리가 살고 있는 이 시간의 빈 공간이 가능한 가장 낮은 에너지를 갖는 진공이다. 그러나 그것을 어떻게 확신할 수 있을까? 콜맨과 데루시아는 현재의 진공이 진정한 진공이 아니라 수십억 년 동안 지속되어 잘못된 안정 의식을 갖게 하는, 단지 오래 지속되는 준안정 상태의 가짜 진공일지도 모른다는 냉정한 가능성도 고려했다.

현재의 진공이 이 범주에 든다고 생각해 보자. 콜맨과 데루시아의 논문 제목에서 언급한 진공의 붕괴는 현재의 진공이 갑자기 실패해 우리에게 무시무시한 결과를(그 밖의 다른 모든 것을) 초래하는, 우주를 훨씬 낮은 에너지 상태로 처넣는 대재난의 가능성을 언급한다.

콜맨과 데루시아의 핵심적인 가정은 양자 투과 현상이다. 힘의 장벽으로 둘러싸인 양자 입자와 같은 간단한 경우가 이 현상의 가장 좋은 예이다. 양쪽 언덕 사이 조그만 계곡에 놓여 있는 입자를 생각하자그림 9. 물론 이들 언덕은 진짜 언덕일 필요는 없다. 그것들은 전기력장이나 핵력장일 수 있다. 언덕을 기어오르는 데 필요한 에너지가 없는 경우에(또는 힘의 장벽을 극복할 수 없을 때), 입자는 영원히 갇혀 있을 것처럼 보인다.

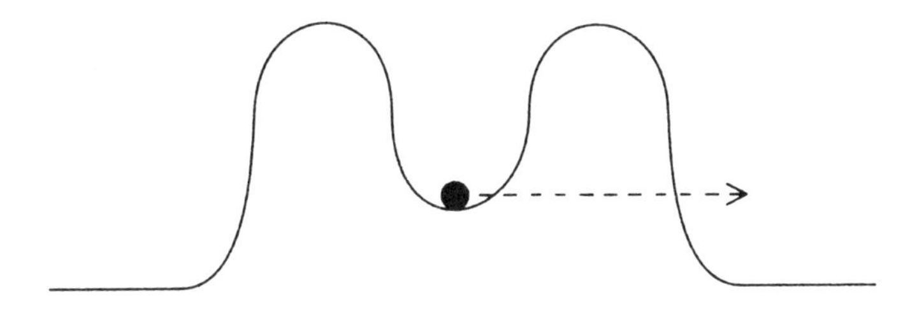

그림 9
투과 효과(tunnel effect). 양자 입자가 두 언덕 사이의 계곡에 갇혀 있다면, 에너지를 빌려 언덕을 뛰어넘어 탈출할 수 있는 작은 가능성이 있다. 실제로 장벽을 투과하는 입자가 관찰되었다. 어떤 원자핵 내부의 α-입자들이 핵력의 장벽을 투과해 도망가는 α-방사성으로 알려진 것은 익숙한 현상이다. 이 예에서 '언덕(hill)'은 핵력과 전기력에 의한 것이며, 이 그림은 개략적으로 그린 것일 뿐이다.

그러나 모든 양자 입자들은 짧은 시간 동안 에너지를 빌릴 수 있도록 허용하는 하이젠베르크의 불확정성 원리를 따름을 기억하자. 이는 성가신 가능성의 문을 열어 준다. 만약 입자가 언덕의 정상을 기어오를 충분한 에너지를 빌려 에너지를 되갚기 전에 언덕 너머 저편으로 갈 수 있다면 우물로부터 탈출할 수 있다. 실제로 입자는 장벽을 통과하는 '투과(tunnel)'를 하게 될 것이다.

이와 같은 우물을 투과해 나올 양자 입자의 확률은 장벽의 높이와 폭에 아주 민감하게 의존하다. 장벽이 높으면 높을수록 입자가 장벽의 정상에 도달하기 위해 빌려야 할 에너지가 더욱 크다. 따라서 불확정성 원리에 따르면, 에너지를 빌려 와야 할 시간이 더욱 짧아진다. 그러므로 높은 장벽을 투과하기 위해서는 장벽의 폭이 더욱 좁아야 한다. 왜냐하면 입자가 재빨리 장벽을 가로질러 시간에 맞춰 빌려 온 에너지를 되갚아야 하기 때문이다.

이런 이유로 투과 효과(tunnel effect)는 일상생활에서 눈에 띄지 않는다. 큰 장벽들은 너무 높고 폭이 넓어 현저한 투과가 일어날 수 없다. 원칙적으로는 사람도 벽돌담을 걸어서 투과할 수 있지만 이런 기적이 일어날 양자역학적 투과 확률은 극히 적다. 하지만 원자처럼 작은 크기에서는 투과가 아주 흔히 일어나는 일이다. α 붕괴가 일어나는 메커니즘을 예로 들 수 있겠다. 투과 효과는 주사 투과 전자 현미경(STEM, Scanning Tunneling Electron Microscope)과 같은 전자 장치에 이용되고 있다.

현재 진공 붕괴 가능성 문제와 관련해, 콜맨과 데루시아는 진공을 구성하는 양자장이 은유적인 힘의 구조도를 가질 수 있다고 생각했다 그림 10.

현재의 진공 상태는 계곡 A의 바닥에 해당한다. 하지만 진정한 진공은 A보다 낮은 계곡 B의 바닥에 해당한다. 진공은 보다 높

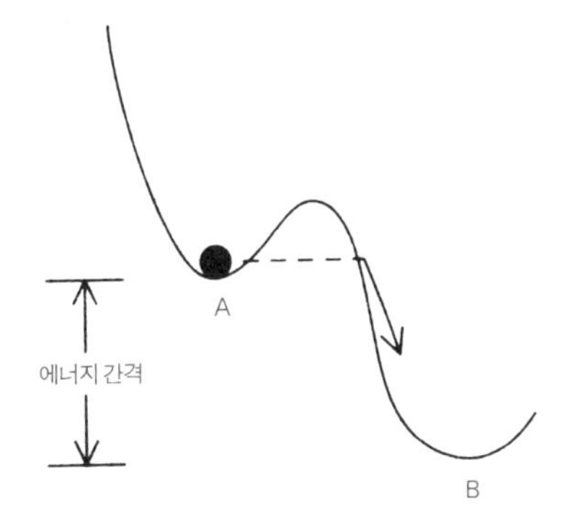

그림 10
가짜 진공 상태와 진짜 진공 상태. 빈 공간 A의 현재 양자 상태는 가장 낮은 에너지 상태가 아니지만, 일종의 높은 고도의 계곡에 의해 준안정 상태에 놓여 있다. 투과 효과에 의해 상태가 진짜로 안정된 바닥상태 B로 붕괴할 확률은 적다. 거품 형성을 통해 일어나는 이들 상태 사이의 천이는 방대한 양의 에너지를 방출할 것이다.

은 에너지 상태 A로부터 보다 낮은 에너지 상태 B로 붕괴하려 하겠지만, 두 상태를 구분 짓는 언덕, 또는 힘의 장에 의해 붕괴가 방해를 받는다. 비록 언덕이 붕괴를 방해하긴 하지만, 투과 효과 때문에 완전히 방지할 수는 없다. 계는 계곡 A로부터 계곡 B로 투과할 수 있다. 만약 이 이론이 옳다면, 우주는 계곡 A에 갇혀 빌려 온 시간을 살고 있으며, 임의의 어느 순간에 계곡 B로 투과할 기회가

상존한다.

콜맨과 데루시아는 현상이 일어나는 방법을 추적할 진공 붕괴의 수학적 모델을 세웠다. 그들은 붕괴가 진짜 진공의 작은 거품이 불안정한 가짜 진공에 둘러싸인 형태로 공간의 임의의 한 위치에서 출발함을 밝혔다. 진짜 진공의 거품이 형성되자마자 곧바로 급속히 빛의 속력에 접근하는 비율로 팽창해, 점점 더 큰 영역의 가짜 진공을 삼켜 순간적으로 진짜 진공으로 전환시킨다.

두 상태 사이의 에너지 차이—3장에서 필자가 논의한 거대한 값의 에너지—는 우주를 가로질러 휩쓰는 거품의 벽 안쪽에 집중되어 있어, 휩쓰는 길목에 있는 모든 것을 파괴해 버린다.

진정한 진공의 존재에 관해 처음으로 알게 되는 시간은 진짜 진공 거품의 벽이 도달해 우리들 세계의 양자 구조를 갑자기 변화시킬 때일 것이다. 우리는 3분 동안의 경고도 받지 못할 것이다. 순간적으로 모든 아원자 입자들의 성질과 그들의 상호 작용이 급격히 변화될 것이다.

예를 들면, 양성자들은 즉시 붕괴하며, 그럴 경우에 모든 물질이 급작스레 증발해 버릴 것이다. 남아 있는 것은 진짜 진공의 거품 안쪽—그 순간에 우리가 관찰한 것과는 매우 다른 사건의 상태—에 놓여 있을 것이다.

가장 현저한 차이는 충격에 관한 것이다. 콜맨과 데루시아는 진짜 진공의 에너지와 압력이 너무나 강해 거품의 벽이 100만분의 1초 안에 팽창하지만, 거품으로 에워싸인 영역이 붕괴할 정도의 중력장을 만들어 낸다는 사실을 밝혔다. 이 시각에 대붕괴를 향해 완만하게 몰려드는 일은 일어나지 않는다. 대신에 모든 것이 갑자기 소멸해 거품 내부가 파열하여 시공간의 특이점이 된다. 간단히 말해서 순간적인 수축인 것이다. 저자들은 노련하게 "기가 찰 일이다."라고 말하면서 다음과 같이 설명했다.

> 우리가 가짜 진공에서 생활하고 있을 가능성은 찬찬히 생각해 볼 일이 결코 아니다. 진공의 붕괴는 궁극적인 서식 환경의 내재난이다. 진공의 붕괴 이후에는 우리가 알고 있는 생명뿐 아니라 화합물도 서식이 불가능하다. 하지만 사람은 시간이 경과하는 동안에 아마도 새로운 진공이 지탱할 수 있는, 생명은 아니라 하더라도 적어도 즐거움을 알 수 있는 어떤 조직체가 지탱할 수 있는 가능성으로부터 극기주의적으로 언제든지 안심을 이끌어 낼 수 있다. 하지만 지금으로서는 그 가능성은 배제되어 있다.

진공 붕괴의 섬뜩한 결론은 콜맨과 데루시아의 논문이 발표되자 물리학자들과 천문학자들 사이에서 수많은 토론의 주제가 되었다. 《네이처(*Nature*)》에 발표된, 우주론학자인 마이클 터너(Michael Turner)와 물리학자인 프랭크 윌첵(Frank Wilczek)의 후속 연구에서 종말론적인 결론에 도달했다.

마이크로 물리학의 관점에서 보면, 우리의 진공이 준안정 상태라는 것은 쉽게 알 수 있는 일이다. 어떤 경고도 없이 진정한 진공의 거품이 우주 어디에선가 생겨나 빛의 속력으로 밖으로 이동해 간다.

터너와 윌첵의 논문이 출판되자, 곧이어 역시 《네이처》에 발표된 피에트 헛(Piet Hut)과 리스의 논문은 우주를 파괴하는 진공 거품의 형성이 입자물리학자들에 의해 부주의하게 시발될 수 있을지도 모른다는 경각심을 불러일으키는 무서운 내용을 다루었다.

매우 높은 에너지를 갖는 아원자 입자들의 충돌이 진공의 붕괴를 초래할 수 있는 조건—순간적으로 매우 작은 공간의 영역—을 만들어 낼지도 모른다는 우려이다.

미세한 규모일지라도 일단 전환이 일어나기만 하면, 갑자기 천문학적 규모로 부풀어 오르는 새로이 형성된 거품을 정지시킬 수는 없다. 우리는 다음 세대의 입자 가속기를 금지해야만 할까? 헛과 리스는 우리의 입자 가속기에서 만들 수 있는 것보다 훨씬 고에너지를 갖는 우주선(comic ray)이 있으며, 이들 우주선들이 진공의 붕괴를 초래하지 않고 수십억 년 동안 지구의 대기 중에 있는 원자핵들에 부딪쳐 왔음을 지적해 안도감을 심어 주었다.

다른 한편, 가속기의 에너지를 수백 배 정도 향상시킴으로써 우리는 지구에 날아드는 우주선의 충돌에서 얻어지는 어떤 것보다 큰 에너지의 충돌을 가능하게 할 수 있다. 하지만 진짜 문제는 거품의 형성이 지구상에서 일어나느냐가 아니라, 대폭발 이후의 어느 때에 관찰할 수 있는 우주 어디에선가 일어났느냐 하는 것이다. 헛과 리스는 매우 드문 경우로 현존하는 가속기에서 얻을 수 있는 가능한 에너지보다 10억 배 이상의 에너지를 갖는 2개의 우주선이 정면 충돌을 일으킬 수 있음을 지적했다. 따라서 아직 규제 기관을 세울 필요가 없다.

우주의 존재 자체를 위협하는 현상인 진공 거품의 형성은, 약간 다른 측면에서 볼 때 생물의 유일한 구원으로 판명될 수 있다는 패러독스가 가능하다. 우주의 죽음을 피할 수 있는 확실한 한 가지 길은 새로운 우주를 창조해 그곳으로 피신하는 것이다. 이 이야기는 환상적인 사색의 마지막 가능성처럼 들린다. 그러나 '유아기 우주들' 에 대한 논의가 최근 몇 년 동안 있었는데 그것들의 존재에 대한 주장에는 진지한 측면이 있다.

이 주제는 1981년 일본 물리학자들에 의해 처음으로 제기되었다. 그들은 방금 논의한 상황과 반대의 상황인 진짜 진공으로 에워싸인 조그만 가짜 진공 거품의 운동을 간단한 수학적 모델로 연구했다. 이들은 가짜 진공이 3장에서 설명한 방식으로 급팽창이 일어나 대폭발에서 나타나는 거대한 우주로 급속히 팽창해 간다는 예측을 했다. 첫째로 가짜 진공 거품의 급팽창이 거품의 벽을 팽창시켜 가짜 진공의 영역이 진짜 진공 영역으로 성장해 가도록 하는 것처럼 보인다. 그러나 이는 낮은 에너지 상태의 진짜 진공이 보다 높은 에너지 상태의 가짜 진공으로 대치되어야만 하며, 달리 다른 방법이 없다는 예상과 상충된다.

이상하게 보이겠지만, 진짜 진공에서 보면 가짜 진공 거품에 의해 점유된 공간의 영역이 급팽창이 일어나는 것처럼 보이지는 않는다. 실제로 이것은 마치 블랙홀처럼 보인다(이 점에 있어서 그것은, 외부에서 보이는 크기보다 내부에서 볼 때 더 크게 보이는 후 박사(Dr. Who)의 타임머신 타디스(Tardis)를 닮았다.). 가짜 진공 거품의 안쪽에 있는 가상

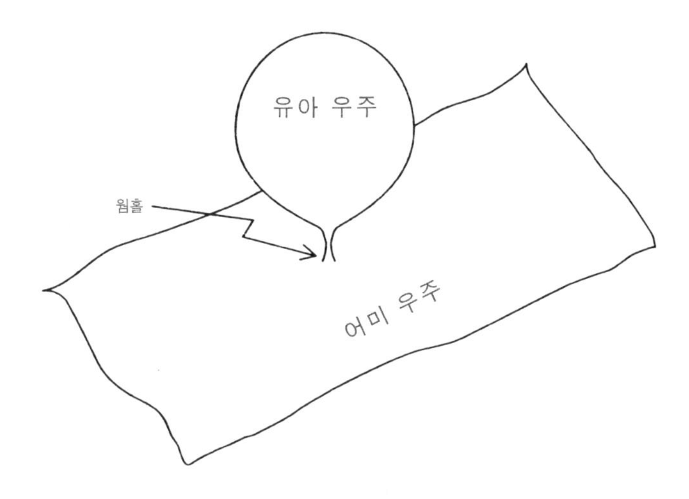

그림 11
어미 우주로부터 부풀어 오른 공간의 거품이 유아 우주를 형성해 탯줄과 같은 웜홀로 어미 우주에 연결되어 있다. 어미 우주의 관점에서 볼 때, 웜홀의 입구는 블랙홀처럼 보인다. 블랙홀이 증발함에 따라 웜홀의 목이 바짝 죄어져 떨어져 나가, 유아 우주를 분리시켜 독립적인 존재로서의 우주로 발전케 한다.

적인 관찰자는 우주가 거대한 비율로 부풀어 오름을 보지만, 외부에서 볼 때 거품은 조그맣게 남아 있다.

이 특이한 사태의 상황을 마음에 그려 보는 한 가지 방법은, 한 곳에서 기포가 생겨 풍선처럼 부풀어 오른 듯한 고무판을 유추해 보는 일이다그림 11. 풍선은 어미 우주에 탯줄, 혹은 웜홀(wormhole)로 연결된 일종의 유아 우주(아기 우주, 딸 우주라고 하기도 한다. —옮긴이)를 형성한다. 웜홀의 목구멍은 어미 우주로부터 나와 블랙홀로 연결된다. 이 형태는 불안정하다. 블랙홀은 호킹 효과에 의해 급속히 증발해 버려 어미 우주로부터 완전히 사라져 버린다. 결과적으로 웜홀은 바짝 죄어져 떨어져 나가, 이제 유아 우주는 어미 우주로부터 분리되어 스스로의 새로운 독립적인 우주가 된다.

어미 우주로부터 싹이 트기 시작해, 유아 우주로 떨어져 나오는 발전 과정은 우리 우주가 겪었으리라 여겨지는 과정과 똑같다. 짧은 기간의 급팽창에 뒤이어 일반적인 감속 팽창이 일어난다. 이 모형은 우리 우주가 이런 식으로 다른 우주의 후손으로서 태어났을지도 모른다는 사실을 함축성 있게 시사한다.

급팽창 이론의 창시자인 앨런 구스(Alan Guth)와 그의 동료들은 앞의 시나리오가 실험실에서 새로운 우주를 창조하는 기상천외한 가능성을 허용하는지를 조사했다. 가짜 진공이 진짜 진공의 거품으로 붕괴한다는 섬뜩한 경우와는 달리, 진짜 진공에 에워싸인 가짜 진공 거품의 창조가 우주의 존재에 위협이 되지는 않는다.

정말로 실험에서 대폭발이 시작될 수 있다 하더라도, 폭발은 조그만 블랙홀 내부에 완전히 국한되고 블랙홀은 곧 증발한다. 새로운 우주는 자신의 공간을 창조하되 우리의 공간을 잠식하지는 않는다.

개념 자체가 매우 추상적이며 전적으로 수학적 이론에 기초하지만, 몇몇 연구 결과는 매우 세밀한 방법으로 많은 양의 에너지를 모으면 이 같은 방식으로 새로운 우주를 창조할 수도 있음을 시사한다.

아주 먼 미래에 우리 우주가 거주 불가능한 곳이 되거나 대붕괴에 접근해 갈 때, 우리의 후손들은 탯줄 웜홀이 바짝 죄어져 떨어져 나가기 전에 웜홀을 통해 이웃한 우주로 기어 들어감으로써 우리 우주에서 영원히 벗어나는 궁극적인 이주를 감행할 수도 있다.

물론 이 대담무쌍한 존재들이 어떤 방법으로 이 일을 성공적으로 해낼 수 있을지는 아무도 모른다. 적어도 웜홀을 통과하는 여행은 그들이 뛰어들어야 할 블랙홀이 아주 크지 않다면 꽤나 불편할 것이다.

아무튼 실질적인 문제를 무시하면 유아 우주들의 가능성, 즉 순수한 불멸성—우리의 후손들을 위해서뿐만 아니라 우주를 위한 불멸성—이 유망함을 보여 준다. 우주의 생과 사를 생각하기보다는 각 우주가 새로운 세대의 우주를 낳아 각각의 무리를 형성하는 식으로, 무한대로 증식하는 우주의 가계를 생각해야만 한다. 그러한 우주의 번식력을 생각할 때, 우주의 집합체—또는 실제로 불러야 할 이름인, 메타 우주(metaverse 초우주라고도 한다.—옮긴이)—는 시작과 끝이 없는지도 모른다. 각 개별 우주는 이 책의 앞 장들에서 다룬 방식으로 탄생, 진화, 그리고 죽음의 과정을 겪게 되겠지만, 전체로서의 집합체는 영원히 존재한다.

이 시나리오는 우리가 살고 있는 우주의 탄생이 자연스러운 일이냐(자연 출생과 유사한), 아니면 계획적인 조정의 결과이냐(시험관 아기와 같은) 하는 의문을 제기한다.

우리는 어미 우주에서 충분히 진보한 존재인 이타주의적인 공동체가 자신들의 생존을 위한 탈출 루트를 만들기 위해서가 아니라, 우주의 종말을 맞아 멸망할 운명에 처해 있는 생명체에게 생존의 기회를 주기 위해서 유아 우주들을 만들었다는 상상을 할 수 있다. 이 사실은 유아 우주로 관통할 웜홀 건설 시도를 가로막는, 가공할 만한 어려움을 제거해 준다.

발생 과정에서 유아 우주가 어미 우주의 흔적을 어느 정도까지 물려받는지는 분명하지 않다. 물리학자들은 아직 자연의 다양한 종류의 힘들과 물질의 입자들이 그들 고유의 성질을 갖는 까닭을 이해하지 못한다.

한편, 이 성질들이 어느 우주에서나 마찬가지로 고정된 자연 법칙들의 부분일 수도 있다. 다른 한편으로 보면, 이 성질들 중의 몇 가지는 우주 진화의 우연한 결과일 수도 있다. 여러 진공 상태가 있을 수 있다. 이들은 모두 똑같은 에너지를 갖거나 아니면 거의 같은 에너지를 가질 수 있다. 급팽창기의 마지막에 가짜 진공이 붕괴할 때, 진공 상태가 가질 수 있는 여러 상태 중에서 어느 하나가 단지 무작위적으로 뽑혔을 수도 있다.

무작위적으로 선택된 진공 상태는 입자들과 그들 사이에 작용하는 많은 성질들을 결정하며, 공간 차원의 수를 결정할 수도 있다. 따라서 유아 우주는 어미 우주와는 완전히 다른 성질을 가질지도 모른다. 아마도 생명체는 우주의 물리적 현상이 우리가 거주하는 우주의 물리적 현상과 거의 비슷한 매우 작은 수의 후계 우주들에서만 존재할 것이다. 유아 우주는 어미 우주가 갖는 성질들을 물려받지만, 이상한 돌연변이를 제외하는 일종의 유전 원리가 있을 수도 있다.

물리학자인 리 스몰린(Lee Smolin)은 간접적으로 생명과 의식의 출현을 고무하는 일종의 다윈적 진화가 우주들의 진화 과정에서 일어날 수 있다고 주장했다. 보다 흥미로운 것은, 어미 우주가 지능적인 조작을 통해 우주들을 창조하며, 생명과 의식이 생겨나게 하는 데 필요한 성질들을 계획적으로 부여할 가능성이 있다는 것이다.

이 개념들 중 어느 것이나 추측 이상의 것은 아니다. 우주론은 아직 매우 젊은 과학 분야에 지나지 않는다. 앞에서 다룬 환상적인 사색은 적어도 앞의 여러 장에서 다룬 우울한 예측의 위안이 될 수 있을 것이다. 그것들은 우리의 후손들이 어느 날 마지막 3분에 직면한다 하더라도, 일종의 의식 있는 존재들이 언제 어디서나 존재할지도 모른다는 것을 암시하기 때문이다.

11
끝이 없는 세상

바로 앞 장의 끝 부분에서 논의한 기상천외한 아이디어들이 우주의 종말을 피하는 길을 찾는 데 있어서 토의된 유일한 가능성은 아니다. 필자가 우주의 종말에 관한 강의를 할 때마다, 사람들은 대개 순환 모델에 대해서 질문을 한다.

그 생각은 이러하다. 우주가 최대 크기로 팽창한 후 대붕괴로 작아지는데, 스스로 완전히 흔적 없이 사라지는 것이 아니라 어떻게 해서든 되돌려져 팽창과 수축의 새로운 순환을 시작한다그림 12. 이 과정은 영원히 지속될 수 있다. 그럴 경우 개별 순환의 시작과 끝은 명백히 표시할 수 있겠지만, 우주의 진정한 시작과 끝은 없다. 이는 특히 출생과 죽음, 창조와 파괴의 순환에 큰 의미를 부여

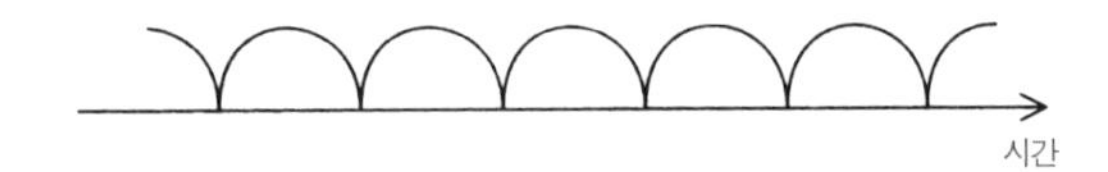

그림 12
우주의 순환 모델. 우주의 크기가 주기적으로 매우 밀도가 높은 상태와 팽창된 상태 사이에서 맥동한다. 각 순환은 대폭발에서 시작되어 대붕괴로 끝난다.

하는 힌두교와 불교의 신화에 영향을 받은 사람들이 관심을 갖는 이론이다.

필자는 우주의 종말에 관한 두 가지 크게 다른 과학적 시나리오의 윤곽을 살펴보았다. 각 시나리오는 나름대로의 혼란스러운 면을 갖고 있다. 대붕괴에서 스스로 완전히 말살된다는 우주의 전망은 경고이다. 하지만 이러한 사건은 먼 미래에 일어날 것이다.

다른 한편, 유한한 기간 동안 영화로운 활동을 한 후 황폐한 허공의 상태에서 무한히 긴 시간 동안 지속되는 우주는 매우 우울한 생각이 들게 한다. 각 모델이 초존재들로 하여금 무제한의 정보처리 능력을 성취하도록 돕는다는 사실은 온정을 갖고 있는 우리 인류들에게는 냉정한 안도감을 주는 것처럼 보인다.

순환 모델의 호소력은 영원한 쇠락이나 붕괴 없이 전멸의 공포를 피할 수 있다는 점에 있다. 끝없는 반복의 무익함을 피하기 위해 순환 사이클이 매번 조금씩 달라야만 한다. 많은 사람의 관심을 끄는 이론에서 새로운 사이클은 각기 선대(先代)의 불타 없어진 죽음으로부터 불사조같이 나타난다. 이 원시적인 조건으로부터 다음에 일어날 대붕괴에 의해 한 번 더 예정표가 깨끗이 지워지기 전에 새로운 계들과 구조들을 개발해 자신의 풍부한 진기함을 개척한다.

이 이론은 상당히 관심을 끌 것처럼 보이지만, 불행하게도 암울한 물리적 문제들을 안고 있다. 이 문제들 중의 하나는 붕괴해 가는 우주가 대붕괴에서 스스로를 소멸하기보다는 어느 매우 높은 밀도에서 되돌아서는 그럴듯한 과정을 찾아내는 일이다. 붕괴 과정의 늦은 단계에서 운동량을 역전시킨다. 중력에 의한 가공할 만한 힘을 상쇄할 어떤 반중력이 있어야 한다. 현재로서는 그러한 힘이 알려지지 않았다. 만일 그런 힘이 존재한다면 그 힘의 성격은 매우 이상한 것임에 틀림없다.

독자들은 대폭발의 급팽창 이론에서 그런 강력한 반발력이 가정되었음을 정확히 기억할지 모르겠다. 그러나 급팽창력을 낳는 예기된 진공 상태는 매우 불안정해 곧 붕괴해 버림을 기억하라.

작고 단순하고 반응성이 강한 우주가 그런 불안정한 상태에서 기원해야 한다는 것은 인식할 수 있는 일이긴 하다. 하지만 복잡한 거시적인 조건에서 수축하는 우주가 어디에서든지 예기된 진공 상태를 회복할 수 있다고 가정하는 것은 완전히 별개의 문제이다.

그것은 연필심을 아래로 하여 연필을 세우는 일과 비슷하다. 연필은 곧바로 쓰러질 것이다. 이는 쉽게 일어나는 일이다. 훨씬 어려운 일은 톡 쳐서 연필을 한 번 더 세우는 일이다.

그러한 문제들을 어떻게든 회피할 수 있다고 생각하더라도, 순환 우주 개념에는 심각한 어려움이 남아 있다. 이것들 중의 하나는 2장에서 논의된 것이다. 일정한 비율로 진행되는 비가역 과정을 따르는 계들은 일정한 주기가 지나면 최종 상태에 접근하는 경향이 있다. 이 원리에 따라 19세기에 우주의 열적 죽음 예측을 이끌어 냈다.

우주 순환의 도입으로 어려움을 회피할 수는 없다. 우주는 서서히 늦어지는 시계에 비유될 수 있다. 어떻게 해서든 시계의 태엽을 다시 감지 않는다면, 시계는 불가피하게 결국 멈춰 설 수밖에 없다. 그러나 비가역적인 변화 없이 어떤 메커니즘이 우주 시계의 태엽을 되감을 수 있을까?

우선 우주의 붕괴 국면은 팽창 국면에서 일어나는 물리적 과정의 역과정처럼 보인다. 흩어지는 우주들이 끌려 함께 모아지고, 냉각되어 가는 우주 배경 복사가 재가열되며, 복합 원소들이 또다시 기본 입자들의 수프로 부서진다. 대붕괴 직전의 우주 상태는 대폭발 직후의 우주 상태와 큰 유사성을 갖고 있다. 하지만 대칭성에서 오는 감명은 단지 피상적이다.

우리는 역과정이 진행되는 동안에 살아 있는 천문학자들이 팽창이 수축으로 전환할 때 먼 은하들이 수십억 년 동안 멀어지고 있음을 보게 된다는 사실에서 실마리를 얻는다. 우주는 수축함에도 불구하고 여전히 팽창하고 있는 것처럼 보인다. 이 환상은 유한한 빛의 속력에 기인한 지연된 외양이 보이기 때문이다.

1930년대의 우주론 과학자인 리처드 톨먼(Richard Tolman)은 이 지연이 어떻게 순환 우주의 겉보기 대칭성을 파괴하는가를 밝혔다. 이유는 간단하다. 우주는 대폭발로부터 남겨진 많은 양의 열복사에서 출발했다. 그리고 시간이 흐름에 따라 별빛이 이 복사를 증대시켜, 수십 억 년 후에는 공간에 퍼져 축적된 별빛의 에너지가 거의 우주 배경 복사만큼이나 많아졌다.

이 사실은 대붕괴에 접근하는 우주가 대폭발 이후의 경우보다 훨씬 더 많이 널리 퍼져 있는 복사 에너지를 갖고 있음을 의미한다. 따라서 궁극적으로 우주가 수축해 오늘날의 우주 밀도와 똑같은 밀도가 되었을 때, 우주는 보다 뜨거울 것이다.

여분의 열에너지는 아인슈타인의 $E=mc^2$ 공식을 통해 우주의 물질 함량에 의해 얻어진다. 열에너지를 생산하는 별의 내부에서는 수소와 같은 가벼운 원소들이 철과 같은 무거운 원소들로 변환해 간다.

철의 원자핵은 정상적으로 26개의 양성자와 30개의 중성자로 구성된다. 따라서 그러한 원자핵은 26개의 양성자와 30개의 중성자 질량을 갖는다고 생각할 수 있지만, 사실은 그렇지 않다. 집합체인 원자핵의 질량은 개별 입자 질량의 총합보다 약 1퍼센트 정도 가볍다. '결여된(missing)' 질량은 강한 핵력에 의한 큰 결합에너지로 설명된다. 이 에너지로 표현되는 질량은 별빛으로 방출된다.

이 모든 것의 결과는 물질로부터 복사로 에너지 전환이 일어난다. 이 사실은 우주가 수축하는 데 중요한 영향을 미친다. 왜냐하면 복사에 의한 중력 끌림은 동일한 질량 에너지를 갖는 물질의 중력 작용과는 아주 다르기 때문이다.

톨먼은 수축 국면에서의 여타의 복사가 더욱 빠른 비율로 우주를 붕괴하게 한다는 사실을 밝혔다. 어떤 수단에 의해 되돌아서는 현상이 일어난다고 한다면, 우주는 역시 더욱 빠른 비율로 팽창을 보일 것이다. 다른 말로 하면, 매번의 대폭발은 지난번의 대폭발보다 더욱 커질 것이다. 결과적으로 우주는 매번 새로운 순환과 함께 더욱 큰 크기로 팽창할 것이다. 따라서 순환 사이클은 점진적으로 더욱 크고 길어질 것이다그림 13.

우주의 순환 사이클의 비가역적 성장은 미스터리가 아니다. 이 사실은 열역학 제2법칙의 피할 수 없는 결과의 한 예이다. 축적된 복사는 엔트로피의 증가를 나타내며, 중력에 의해 점점 더 큰 순환 사이클의 형태로 자명하게 나타난다. 하지만 이것은 진정한 순환성의 개념에 종말을 가져온다. 우주는 시간이 지남에 따라 분명히 진화한다. 과거로 향할 때 순환 사이클은 복잡하고 뒤죽박죽

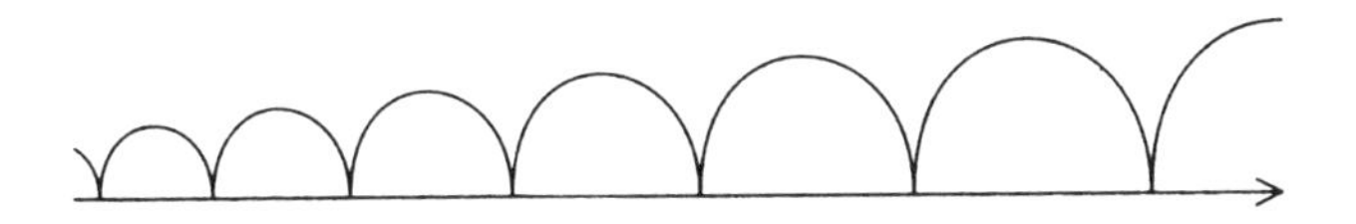

그림 13
비가역 과정을 통해 우주의 순환 사이클이 점점 커져 진짜 순환성이 파괴된다.

인 시초를 향해 계속되겠지만, 미래의 순환 사이클은 한계 없이 확장되어 사이클이 너무 길어짐으로써, 어떤 주어진 사이클은 영원히 팽창하는 모델의 열적 죽음 시나리오와 구별할 수 없는 대부분의 시간을 차지할 것이다.

톨먼의 연구 이래로 우주론 과학자들은 각 사이클의 팽창 국면과 수축 국면의 대칭성이 깨지는 다른 물리적 과정을 확인할 수 있게 되었다. 한 가지 예가 블랙홀의 형성이다. 표준적인 구도에서 보면, 우주는 블랙홀 없이 시작하지만, 시간이 흐름에 따라 별들이 붕괴하고, 다른 과정들이 블랙홀의 형성을 가져온다.

은하들이 진화하면서 점점 더 많은 블랙홀들이 나타난다. 붕괴의 마지막 단계가 진행되는 동안 압축을 통해 더 많은 블랙홀이 형성된다. 블랙홀들의 몇 개는 합병되어 더 큰 블랙홀을 형성한다.

따라서 대붕괴 가까이에 이른 우주의 중력 배치는 더욱더 복잡하다. 대폭발에 근접한 시기보다 확연히 더 많은 블랙홀들을 갖고 있다. 만약 우주의 진행 과정이 반전이 되면, 다음 순환 사이클은 이번보다 훨씬 더 많은 블랙홀을 갖고 시작할 것이다.

한 사이클에서 다음 사이클로 전파해 가는 물리적 구조와 계를 허용하는 어떤 순환 우주가 열역학 제2법칙의 퇴보적인 영향을 벗어나지 못하게 한다는 결론은 피할 수 없는 것처럼 보인다. 여전히 열적 죽음이 남아 있다. 이 비참한 결론에서 한 발짝 살짝 비켜서는 방법으로, 되돌아설 때의 물리적 조건들이 매우 극단적인 경우가 되어 앞선 순환 사이클의 어떤 정보도 다음 사이클로 넘겨질 수 없는 상황을 생각할 수 있다. 모든 선행한 물리적 대상은 파괴되고 모든 영향은 소멸된다. 실제로 우주는 처음부터 완전히 재탄생한다.

하지만 그러한 모델이 관심을 끌 만한 이유를 찾기는 쉽지 않다. 각 사이클이 다른 사이클과 물리적으로 단절되어 있다면, 사이클이 서로 연속적으로 나타나 어떻게 해서든 연속된 똑같은 우주를 나타낸다는 것이 무슨 의미가 있는가? 사이클들은 실질적으로 확연히 구별되는 우주이며, 연속적인 것이라기보다는 병행해서 존재한다고 말할 수 있겠다. 이 상황은 환생(還生) 사상을 연상시킨다. 새로 태어난 사람이 전생의 경험을 전혀 기억하지 못하는 경우이다. 어떤 의미에서 똑같은 사람이 환생했다고 말할 수 있는가?

또 다른 가능성은 열역학 제2법칙이 어쩌다 어긋나, 되돌아서는 순간 '시계의 태엽이 되감기는' 경우가 일어나는 일이다. 제2법칙의 손상으로 되돌려진다는 것은 무슨 뜻인가? 제2법칙이 적용되는 간단한 예를 들어 보자. 즉 향수병에서 증발하는 향수를 생각해 보자. 방 안에 퍼져 있는 모든 향수 분자가 병 속으로 되돌아 들어가는 거대한 조직적 모의가 일어나는 행운의 역전이다. '영화(movie)'가 거꾸로 상영된다. 우리가 과거와 미래를 구분 짓는 것—시간의 화살—은 열역학 제2법칙으로부터 온다. 따라서 제2법칙의 위배는 시간의 역전에 해당한다.

물론 종말의 비명이 들려올 때 단순하게 시간이 역전되어 우주의 종말을 피한다는 생각은 다소 시시하게 들린다. 일이 더욱 험해져 거대한 우주 영화가 거꾸로 돌아간다. 그럼에도 불구하고, 이 생각은 우주론 과학자들을 사로잡았다. 1960년대에, 천체물리학자인 토머스 골드(Thomas Gold)는 재수축하는 우주의 수축 국면에서 시간이 거꾸로 흐른다고 주장했다. 그러한 역과정은 그 시간에 존재하는 어떤 존재의 두뇌 기능도 포함해, 그들의 주관적인 시간 감각도 역전된다고 지적했다.

그러므로 수축 국면의 생존자들은 주변에서 '거꾸로 진행하는' 시간을 보는 것이 아니라 우리와 같이 앞으로 진행하는 사건들을 경험하게 될 것이다. 예를 들면, 그들은 우주가 수축하는 것이 아니라 팽창하는 것으로 인식하게 된다. 그들의 눈을 통해 보면, 우리가 살고 있는 우주는 수축하는 국면이고 우리의 두뇌 작용은 거꾸로 진행한다.

1980년대에, 호킹은 시간이 역전하는 우주라는 생각으로 한동안 장난을 했지만, 그것이 자신의 '최대 오류'임을 인정하고 이 생각을 포기한 적이 있다. 호킹은 처음에 양자역학을 순환 우주론에 적용하는 데 상세한 시간의 대칭성이 요구된다고 믿었다. 하지만 적어도 양자역학의 표준 정형화에서는 그렇지 않다는 사실이 판명되었다.

최근에 물리학자인 머리 겔만(Murray Gell-Mann)과 제임스 하틀(James Hartle)은 양자역학의 법칙에 수정을 가할 것을 주장했다. 이 수정안에는 시간의 대칭성이 강요되어, 그들은 사건의 이 상태가 우리 우주의 시간에 어떤 관측 가능한 결과를 보일 수 있는가라고 반문했다. 지금까지 어떤 대답이 있을 수 있는지 분명하지 않다.

우주의 종말을 피할 수 있는 전혀 다른 방법이 러시아의 물리학자 안드레이 린데(Andrei Linde)에 의해 주장되었다. 이 방법은 3장에서 논의한 급팽창 우주론을 다듬은 것에 기초한다.

원래의 급팽창 우주론에서는 아주 초기 우주의 양자 상태가 일시적으로 일방적인 팽창을 몰고 오는 효과를 갖는 특정한 들뜬

상태의 진공과 일치하는 것으로 생각되었다.

1983년, 린데는 초기 우주의 양자 상태가 장소에 따라 혼돈스럽게 변화할 수도 있다고 주장했다. 이곳은 낮은 에너지 상태이고 저곳은 적당한 에너지 상태이며, 어떤 영역은 크게 들뜬상태이다. 들뜬상태에서는 급팽창이 일어난다. 더군다나 린데가 계산한 양자 상태의 운동은 크게 들뜬 상태가 가장 빠르게 급팽창이 되고 가장 느리게 붕괴함을 명확히 보여 주었다. 따라서 상태가 우주 공간의 특정 영역에서 더욱 들뜨면 들뜰수록 우주가 그 영역에서 더욱 크게 급팽창된다. 우연히 에너지가 가장 크고 급팽창이 가장 빠른 공간의 영역이 매우 짧은 시간 뒤에 가장 크게 부풀어 올라 전체 공간의 대부분을 차지할 것이다.

린데는 이런 상황을 다윈의 진화나 경제학에 비유한다. 크게 들뜬 상태로의 성공적인 양자 요동은 비록 많은 에너지를 빌려 옴을 의미하지만, 그 영역의 체적을 거대하게 만듦으로써 즉각적인 보상을 받는다. 따라서 큰 에너지를 빌려 초거대 급팽창이 일어나는 영역이 곧 지배적이 된다.

혼돈스러운 급팽창의 결과로 우주는 미니 우주들이 송이송이로 열광적으로 날뛰듯이 급팽창이 일어나거나 전혀 급팽창이 일어나지 않는 거품들로 나누어진다. 왜냐하면 어떤 영역—단순히 무작위적인 요동의 결과로 생긴—은 대단히 큰 들뜬 에너지를 가질 것이며, 그러한 곳은 원래 이론적으로 생각한 것보다 훨씬 큰 급패창이 일어날 것이다.

그러나 이들 영역은 정확히 급팽창이 가장 많이 일어난 곳이기 때문에, 급팽창이 일어난 후의 우주에서 무작위적으로 뽑은 한 점은 그러한 급팽창이 가장 크게 일어난 영역에 위치하기가 쉽다. 이리하여 그 위치는 대개 우리 자신이 있는 우주 공간에서 초거대 급팽창이 일어난 영역 깊숙한 내부에 놓여 있다. 린데는 그러한 '큰 거품들(big bubbles)'이 10의 10^8제곱, 1다음에 0이 1억 개나 있는 수의 배수로 급팽창이 일어날 수도 있다는 계산을 했다.

우리 자신의 초거대 영역은 크게 급팽창된 무한히 많은 거품들 중의 하나에 지나지 않을 것이며, 따라서 우주는 아직까지 거대 규모 크기에 극히 혼돈스러운 양상을 보일 것이다.

현재 관찰할 수 있는 엄청나게 멀리까지 펼쳐져 있는 우주 너머에까지 확대되는 우리의 거품 내부에서 물질과 에너지는 거의 균일하게 분포되어 있다. 그러나 우리의 거품 저 너머에는 아직도 급팽창 과정에 있는 영역 외에도 다른 거품들이 있다.

실제로 린데의 모델에서 급팽창은 중단되지 않는다. 급팽창이 일어나고 있는 우주 공간의 영역이 항상 존재한다. 그곳에서는 새로운 거품들이 형성되고, 다른 거품들은 일생의 순환 사이클을 따르다가 죽는다. 그러므로 이 모델은 마지막 장에서 논의한 삶, 희망, 그리고 우주들이 영원히 싹트는 유아 우주 이론과 비슷한 영원한 우주의 형식이다. 급팽창에 의한 새로운 거품 우주들의 생산에는 끝이 없다. 또한 현재 상당한 논란이 있긴 하지만, 아마 시작도 없는 것 같다.

다른 거품들의 존재가 우리 후손들에게 생명줄이 될 수 있을까? 그들이 무궁한 시간 속에서 언제나 또 다른 젊은 거품들로 이주함으로써 우주의 종말—더 정확히 말해 거품의 종말 —을 피할 수 있을까? 린데는 1989년 《피직스 레터스(*Physice Letters*)》에 발표한 "급팽창 이후의 생명(Life after Inflation)"이라는 특출한 논문에서 이 의문점을 정확히 다루고 있다.

그는 "이 결과들은 급팽창이 일어나는 우주에서 생명체는 결코 사라지지 않음을 의미한다."라고 서술했다. "불행하게도 이 결론은 인간의 미래에 대해 매우 낙관적일 수 있다는 의미를 당연시하지는 않는다." 어느 특정 영역, 또는 거품이 없는 곳이 서서히 살 수 없는 곳이 되어 감을 언급하며 린데는 결론을 내렸다. "우리가 이 순간에 알 수 있는 유일하게 가능한 생존 전략은 낡은 영역에서 새로운 영역으로 떠나가는 것이다."

린데의 급팽창 이론에서 실망스러운 것은 전형적인 거품의 크기가 방대하다는 것이다. 그의 컴퓨터 계산에 의하면, 우리의 거품에서 가장 가까운 거품이 너무 멀리 떨어져 있어, 거리를 광년으로 나타내더라도 1 다음에 수백만 개의 0이 붙어 있는 숫자로 나타낼 수 있다. 이 숫자는 너무나 커, 쓴다면 백과사전 한 권이 필요할 것이다.

특별히 운이 좋아 우리의 거품이 가장자리에 위치해 있지 않다면, 빛의 속력에 가까운 속력이라 하더라도 다른 거품에 이르는 데는 비슷한 숫자의 햇수가 걸릴 것이다.

우리의 우주가 예측 가능한 방식으로 팽창을 계속한다면, 이 다행스러운 환경이 조성될 수 있다고 린데는 지적했다. 가장 미세한 물리적 효과—지금 이 시기에는 눈에 좀체 띄지 않는 효과—가, 현재 지배적인 물질과 복사가 언젠가 극히 희박해져 우주가 팽창하는 방식을 결과적으로 계산할 수 있다. 지금 우주에는 물질의 중력 효과에 의해 완전히 잠복되어 있는, 급팽창을 일으키는 힘의 매우 약한 잔재가 있을 수 있다. 그러나 존재들이 우리의 거품으로부터 탈출하는 데 필요한 시간의 대양이 주어지면, 결국 이 힘이 스스로 나타날 것이다.

그러한 경우, 우주는 오랜 시간 뒤에 한 번 더 급팽창이 일어나기 시작한다. 열광적인 대폭발이 아니라 대폭발의 희미한 모상(模像)으로 극히 서서히 일어난다. 하지만 이 연약한 훌쩍임이 비록 약하긴 하지만 영원히 지속될 것이다. 우주의 성장이 단지 작은 비율로 가속되더라도, 꾸준히 가속된다는 사실은 중요한 물리적 결과를 낳는다. 그것은 거품 내부에 사상의 지평을 만드는 효과로, 블랙홀을 까뒤집어 놓은 것과 같은 효과를 갖는다.

살아남은 존재는 모두 무기력하게 우리의 거품 내부 깊숙이 매장될 것이다. 왜냐하면 그들은 거품의 가장자리를 향해 나아가겠지만, 부활된 급팽창의 결과로 가장자리는 더욱 빠른 속도로 물러간다. 비록 환상적이긴 하지만, 인류나 우리 후손들의 궁극적인 운명이 물리적 효과에 어느 정도 달려 있기 때문에 우리는 물리적 효과가 우주론적으로 스스로 명백히 드러나기 시작하기 전에 간파할 수 있다는 실질적인 희망을 가질 수 없다.

린데의 우주론은 어떤 측면에서는 1950년대와 1960년대 초에 크게 관심을 끌었으며, 아직도 우주의 종말을 피할 수 있는 가장 단순하며 가장 호소력이 있는 제안인 우주의 정상 상태 이론을 생각나게 한다. 헤르만 본디(Herman Bondi)와 골드가 상세하게 설명한 정상 상태 이론의 초기 형태에서는 우주가 거대 규모에서는 언제나 변하지 않고 남아 있다고 생각했다. 그러므로 시작도 없고 끝도 없다. 우주가 팽창함에 따라 새로운 물질이 우주 공간을 메우기 위해 끊임없이 창조되어 전체적으로 일정한 밀도를 유지한다.

주어진 은하의 운명은 앞 장들에서 설명한 바와 유사하다. 탄생, 진화, 그리고 죽음. 그러나 고갈되지 않고 꾸준히 공급되는 새로이 창조된 물질에 의해 보다 많은 은하들이 항상 형성된다. 그러므로 전반적인 우주의 일반적인 측면이 한 시기로부터 다음 시기까지 일치하는 것으로 보인다. 주어진 공간의 부피에 다양한 연령의 우주가 뒤섞여 있지만, 전체적으로 똑같은 수의 은하들이 있다.

정상 상태 우주의 개념에서는 우주가 처음에 무에서 어떻게 존재하게 되었는가를 설명할 필요가 사라지며, 이 개념은 불멸의 우주에서 진화적인 변화를 통해 나타나는 흥미로운 다양성을 결합한다.

사실 이 개념은 이 이상의 의미가 있으며, 영원히 젊은 우주를 의미한다. 왜냐하면 비록 개별 은하들은 서서히 죽어 가지만, 전체 우주는 결코 늙지 않는다.

새로운 물질이 에너지를 무상으로 공급하기 때문에 우리의 후손들은 교묘히 빠져나가는 보다 많이 공급된 에너지를 이용하기 위해 애쓸 필요가 없다. 거주자들은 늙은 은하의 연료가 고갈되면 보다 젊은 은하로 이동하기만 하면 된다. 이 같은 일이 동일한 정도의 활력, 다양성, 그리고 활동성을 영원히 유지하면서 무한히 계속될 수 있다.

하지만 이 이론을 적용하는 데 필요한 몇 가지의 물리적 요구 조건들이 있다. 우주는 팽창으로 인해 수십억 년마다 부피가 2배로 늘어난다. 일정한 밀도를 유지하기 위해서는 그 기간 동안 10^{50}톤의 새로운 물질이 창조되어야만 한다. 이것은 상당한 양으로 보이지만, 1세기 동안 비행기 격납고 정도의 부피를 가진 공간에서 원자 1개가 나타나는 정도의 양이다. 우리는 그러한 현상을 인식할 수 있을 것 같지 않다.

보다 진지한 문제는 이 이론에서 물질을 창조하는 물리적 과정의 성격에 관한 것이다. 최소한 우리는 여분의 질량을 공급하는 에너지가 어디로부터 오고 어떻게 이 기적 같은 에너지의 저장고가 고갈되지 않는지를 알고자 한다. 정상 상태 이론을 매우 상세하게 발전시킨 호일과 그의 동료 나리카(Jayant Narlikar)가 이 문제에 달려들었다. 그들은 에너지를 공급할 새로운 형태의 장, 즉 창조장(創造場, creation field)을 제안했다. 창조장 자체는 음의 에너지를 갖는 것으로 가정했다. 질량 m을 갖는 물질의 새로운 입자의 출현은 창조장에 mc^2의 에너지를 감소시키는 효과를 갖는다.

비록 창조장이 창조의 문제에 기술적인 해법을 제공하긴 했지만, 많은 문제점들에 대해서는 설명하지 못했다. 또한 다소 임시방편적인 것으로 보이며, 미심쩍은 장을 명쾌하게 설명하지 못했다.

정상 상태 이론에 반대적인 보다 진지한 관찰 증거가 1960년대에 쌓이기 시작했다. 이것들 중 가장 중요한 것은 발견이다. 이 균질한 배경은 대폭발의 잔재로 곧바로 해석되었으며, 정상 상태 모델에서 확실하게 설명하기는 어렵다. 더군다나 은하나 전파 은하의 심층부를 조사해 보면, 우주가 거대 규모로 진화하고 있다는 부인할 수 없는 증거를 발견할 수 있다. 이 사실이 명백해졌을 때, 호일과 그의 동료 연구원들은 비록 때때로 보다 복잡한 변형 이론들이 일시적으로 다시 나타나기도 했지만, 단순한 정상 상태 이론을 포기했다.

물리적 · 관찰적 문제와는 별개로 정상 상태 이론은 몇 가지 흥미로운 철학적 난해성을 제기한다. 예를 들어, 만약 우리의 후손들이 무한한 시간과 자원을 현실로 사용할 수 있다면, 그들의 기술 개발에는 명백한 제한이 없을 수 있다. 그들은 자유로이 우주로 퍼져 나가 언제나 더욱 큰 우주 공간을 제어하게 될 것이다. 이리하여 매우 먼 미래에는 우주의 끝 부분이 기술적으로 개발될 것이다.

그러나 가정에 따르면 우주의 거대한 규모는 시간에 대해 변화하지 않는다고 생각되므로, 정상 상태의 가정은 오늘날 우리가 보고 있는 우주는 이미 기술적으로 개발되어 있다는 결론을 요구한다. 정상 상태의 우주에서 물리적 조건은 전반적으로 언제나 똑같기 때문에, 지능이 있는 존재 또한 어느 시기에나 나타나야만 한다. 이 상태는 언제나 존재해 있으므로, 임의의 긴 시간 동안 주변에 몇 가지 존재들의 공동체가 있어야만 한다. 우리의 우주 공간 영역을 포함한 임의의 큰 우주 공간을 점유해 기술적으로 개발하기 위해 팽창할 것이다.

이 결론은 지능이 있는 존재들이 일반적으로 우주를 식민지화할 의지를 가지고 있지 않다고 가정함으로써 피할 수 있는 일이 아니다. 그 결론이 정당화되기 위해서는 임의의 긴 시간 전에 어느 한 공동체가 생겨나기만 하면 된다. 잘 일어나지 않는 일이 무한한 우주에서는 언젠가는 일어나야 하며, 무한히 자주 일어나야 함은 오래된 재치 문답의 또 다른 경우이다.

씁쓰레한 결론의 논리에 따르면, 정상 상태 이론은 우주의 진행 과정들이 거주자들의 기술적 활동성과 일치함을 예측한다. 우리가 자연이라고 부르는 것은 실제로는 초존재의 활동성, 또는 초존재의 공동체이다. 이는 플라톤의 조물주(Plato' s demiurge, 이미 정립된 물리 법칙들의 범주에서 작용하는 신성)의 한 유형과 같아 보인다. 호일이 후반에 자신의 우주론에서 그러한 초존재를 명시적으로 옹호한 사실은 흥미롭다.

우주의 종말에 대한 어떤 논의도 의도적인 의문점에 봉착한다. 필자는 이미 우주가 죽어 간다는 전망이 러셀로 하여금 궁극적으로 우주를 황폐화되어 가는 존재로 확신하게 했음을 언급했다. 『최초의 3분』이란 책에서 "우주가 이해할 수 있는 것으로 보이면 보일수록 더욱더 맹목적인 것으로 보인다."라는 황량한 결론으로 끝을 맺은 와인버그 역시 러셀의 뒤를 따르고 있다.

대붕괴에 의한 갑작스러운 죽음이 가능성으로 남아 있긴 하지만, 서서히 다가오는 우주의 열적 죽음에 대한 원초적인 두려움은 어쩌면 과장된 것이며 오류인지도 모른다고 필자는 주장했다. 필자는 우연성에 반대되는, 기적적으로 물리적이고 지능적인 목표를 성취할 수 있는 초존재의 활동성에 관해 깊이 생각해 왔다. 또한 우주에 경계가 없듯이 한계 없는 사고력의 가능성을 간결히 살펴보았다.

그러나 이 대체 시나리오들이 우리의 불편한 마음을 달래 주는가? 필자의 친구 중 한 사람은, 언젠가 낙원에 관한 이야기를 듣고 큰 흥미가 없다고 말했다. 최고의 평정 상태에서 영원히 살 수 있다는 전망이 그에게는 전혀 감흥을 불러일으키지 못했다. 지겨운 영생을 누리기보다는 갑자기 죽거나 완전히 끝나 버리는 게 낫다는 것이다. 만약 불멸성이 영원히 거듭거듭 반복해서 동일한 사고와 경험을 하도록 제한된다면, 그것은 진짜 무의미해 보인다. 하지만 불멸성이 진보와 결부되면 다르다. 우리는 언제나 배우고, 무언가 새롭고 흥미로운 일을 하며 영속적인 숭고함을 갖는 삶을 상상할 수 있다.

불만스러운 점은 '무엇 때문에?' 이다. 사람은 어떤 일에 착수할 때, 특정한 목적을 둔다. 목적이 달성되지 않으면(비록 경험은 가치 없는 일이 아니라 하더라도) 그 계획은 실패한 것이다. 다른 한편, 목적이 달성되면 그 계획은 완성될 것이며, 활동은 중단될 것이다. 결코 완성될 수 없는 계획에 진정한 목적이 있을 수 있을까? 결코 도달할 수 없는 목적지를 향한 끝없는 여행으로 이루어진 삶이 의미를 가질 수 있을까?

만약 우주에 목적이 있고, 그 목적을 달성할 수 있다면, 우주의 지속적인 존재는 불필요하고 무의미하기 때문에, 우주는 끝장이 나야 한다. 반대로 우주가 영원히 지속된다면 우주에 어떤 궁극적인 목적이 있을 수 없다.

그러므로 우주의 죽음은 우주의 성공에 대해 지불해야 할 대가인지도 모르는 일이다. 아마도 우리가 희망할 수 있는 최고의 것은 우주의 목적이 마지막 3분이 끝나기 전에 우리의 후손들에게 알려지는 일일 것이다.

참고 문헌

Barrow, John D., and Frank J. Tipler, *The Anthropic Cosmological Principle*(Oxford: Oxford University Press, 1986).

Burrows, Adam, "The Birth of Neutron Stars and Black Holes," *Physics Today*, 40(1987): 28.

Chapman, Clark R., and David Morrison, *Cosmic Catastrophes*(New York & London: Plenum Press, 1989).

Close, Frank, *End: Cosmic Catastrophe and the Fate of the Universe*(New York: Simon & Schuster, 1988).

Coleman, Sidney, and Frank De Luccia, "Gravitational Effects on and of Vacuum Decay," *Physical Review D*, 21(1980): 3305.

Davies, Paul, *The Cosmic Blueprint*(New York: Simon & Schuster, 1989).

__________, *The Mind of God*(New York: Simon & Schuster, 1991).

Dyson, Freeman J., "Time without End: Physics and Biology in an Open Universe," *Reviews of Modern Physics*, 51(1979): 447.

Gold, Thomas, "The Arrow of Time," American Journal of Physics, 30(1962): 403.

Hawking, Stephen W., *A Brief History of Time: From the Big Bang to Black Holes*(New

York: Bantam, 1988).

Hut, Piet, and Martin J. Rees, "How Stable Is Our Vacuum?" *Nature*, 302(1983): 508.

Islam, Jamal N., *The Ultimate Fate of the Universe*(Cambridge: Cambridge University Press, 1983).

Linde, Andrei D., *Particle Physics and Inflationary Cosmology*(New York: Gordon & Breach, 1991).

Luminet, Jean-Pierre, *Black Holes*(Cambridge: Cambridge University Press, 1992).

Misner, Charles W., Kip S. Thorne, and John A. Wheeler, *Gravitation*(San Francisco: W. H. Freeman, 1970).

Page, Don, and Randall McKee, "Eternity Matter", *Nature*, 291(1981): 44.

Rees, Martin J., "The Collapse of the Universe: An Eschatological Study," *The Observatory*, 89(1969): 193.

Smolin, Lee, "Did the Universe Evolve?" *Classical and Quantum Gravity*, 9(1992): 173.

Tipler, Frank J., *The Physics of Immortality*(New York: Doubleday 1994).

Tolman, Richard C., *Relativity, Thermodynamics, and Cosmology*(Oxford: Clarendon Press, 1934).

Turner, Michael S., and Frank Wilczek, "Is Our Vacuum Metastable?" *Nature*, 298(1982): 633.

Waldrop, M. Mitchell, *Complexity: The Emerging Science at the Edge of Order and Chaos*(New York: Simon & Schuster, 1992).

Weinberg, Steven, *The First Three Minute: A Modern View of the Origin of the Universe*, Undated ed.(New York: Basic Books, 1988).

찾아보기

옮긴이 박배식

서울 대학교 물리학과를 졸업하고, 매사추세츠 공과 대학에서 물리학 석사 학위를, 메릴랜드 대학교에서 카오스 이론으로 물리학 박사 학위를 받았다. 현재 수원 대학교 물리학과 교수로 재직하고 있다. 옮긴 책으로는 『아원자 입자의 발견』, 『하느님은 주사위 놀이를 하는가』, 『카오스』, 『카오스란 무엇인가』 등이 있다.

사이언스 마스터스 03

마지막 3분 | 폴 데이비스가 들려주는 우주의 탄생과 종말

1판 1쇄 펴냄 2005년 6월 30일
1판 5쇄 펴냄 2022년 12월 31일

지은이 폴 데이비스
옮긴이 박배식
펴낸이 박상준
펴낸곳 (주)사이언스북스

출판등록 1997. 3. 24(제16-1444호)
주소 135-887 서울특별시 강남구 도산대로1길 62
대표전화 515-2000 팩시밀리 515-2007
편집부 517-4263 팩시밀리 514-2329
www.sciencebooks.co.kr

ISBN 979-89-8371-940-9 (세트)
ISBN 979-89-8371-943-0 04400

『사이언스 마스터스』를 읽지 않고 과학을 말하지 마라!

사이언스 마스터스 시리즈는 대우주를 다루는 천문학에서 인간이라는 소우주의 핵심으로 파고드는 뇌과학에 이르기까지 과학계에서 뜨거운 논쟁을 불러일으키는 주제들과 기초과학의 핵심 지식들을 알기 쉽게 소개하고 있다.

전 세계 26개국에 번역·출간된 사이언스 마스터스 시리즈에는 과학 대중화를 주도하고 있는 세계적 과학자 20여 명의 과학에 대한 열정과 가르침이 어우러져 있다. 과학적 지식과 세계관에 목말라 있는 독자들은 이 시리즈를 통해 미래 사회에 대한 새로운 전망과 지적 희열을 만끽할 수 있을 것이다.

01 섹스의 진화 제러드 다이아몬드가 들려주는 성性의 비밀
02 원소의 왕국 피터 앳킨스가 들려주는 화학 원소 이야기
03 마지막 3분 폴 데이비스가 들려주는 우주론 이야기
04 인류의 기원 리처드 리키가 들려주는 최초의 인간 이야기
05 세포의 반란 로버트 와인버그가 들려주는 암 세포의 이야기
06 휴먼 브레인 수전 그린필드가 들려주는 뇌과학의 신비
07 에덴의 강 리처드 도킨스가 들려주는 유전자와 진화의 진실
08 자연의 패턴 이언 스튜어트가 들려주는 아름다운 수학의 세계
09 마음의 진화 대니얼 데닛이 들려주는 마음의 비밀
10 실험실 지구 스티븐 슈나이더가 들려주는 기후 변동의 과학